DK手绘图解典藏书系

鸟类大百科

Bird Atlas

英国DK公司 编著　李文珂 译

北京出版集团
北京出版社

Original Title:Bird Atlas
Copyright © Dorling Kindersley Limited, 1993, 2018
A Penguin Random House Company

图书在版编目（CIP）数据

鸟类大百科 / 英国DK公司编著；李文珂译. 一 北京：北京出版社，2022.2
（DK手绘图解典藏书系）
书名原文：Bird Atlas
ISBN 978-7-200-16063-5

Ⅰ. ①鸟… Ⅱ. ①英… ②李… Ⅲ. ①鸟类—儿童读物 Ⅳ. ①Q959.7-49

中国版本图书馆CIP数据核字（2020）第224537号

版权合同登记号　图字：01-2019-7491号
审图号：GS（2020）3690 号

DK手绘图解典藏书系
鸟类大百科
NIAOLEI DABAIKE

英国 DK 公司　编著
李文珂　译

*

北 京 出 版 集 团
北 京 出 版 社　出版
（北京北三环中路6号）
邮政编码：100120
网址：www.bph.com.cn
北 京 出 版 集 团 总 发 行
新 华 书 店 经 销
鸿博昊天科技有限公司印刷

*

265毫米×350毫米　8印张　109千字
2022年2月第1版　2022年11月第2次印刷
ISBN 978-7-200-16063-5
定价：98.00元
如有印装质量问题，由本社负责调换
质量监督电话：010-58572393
责任编辑电话：010-58572417

For the curious
www.dk.com

声明：此书中插图系原文插图。

目录

如何使用这本书

本书是按照美洲、欧洲、非洲、亚洲、大洋洲和南极洲的顺序进行编排的。每个单元的开始，都会有一幅介绍整个大陆情况的跨页图，例如右图。跨页图后，本书再以数页的篇幅，介绍鸟类在这块大陆的主要栖息地。

本页的样张介绍了两种主要的版面：大陆版面和栖息地版面。此外，书中使用的地图、符号和各种度量衡单位也会在本页说明。

大陆版面

这个跨页介绍了非洲大陆的概况，内容包括该大陆的气候、地貌、主要鸟类栖息地、当地的代表鸟类及特殊鸟类。每个大陆版面上都有一幅大地图，介绍该大陆的面积、其在地球上的位置及其主要地理特征。通常这里会有一篇专题，介绍该大陆在几百万年的时间里，如何随着陆块漂移运动而改变位置。

栖息地版面

分布在哪里？

地球仪上的红色部分，表示该页描述的鸟类栖息地的位置。

鸟类符号

地图上的鸟类符号表示该类鸟的主要栖息地，但有些鸟分布广泛，遍及整个地区。你可从图例中认出这些鸟，然后在地图上找出来。

体长40厘米 有多大？

每一种鸟的旁边都有说明数字，告诉你它的重要数据。本书中鸟类的全长是从喙尖计算到尾端的。有些鸟类的雄鸟和雌鸟长得迥然不同，此时，我们便会分别列出雄鸟和雌鸟的尺寸；在特殊情况下，我们还会列出鸟类双翼展开的长度、尾羽的长度或鸟的高度。例如下面的样张中，不但说明了凤尾绿咬鹃的大小，还展示了雄性凤尾绿咬鹃漂亮的尾羽。

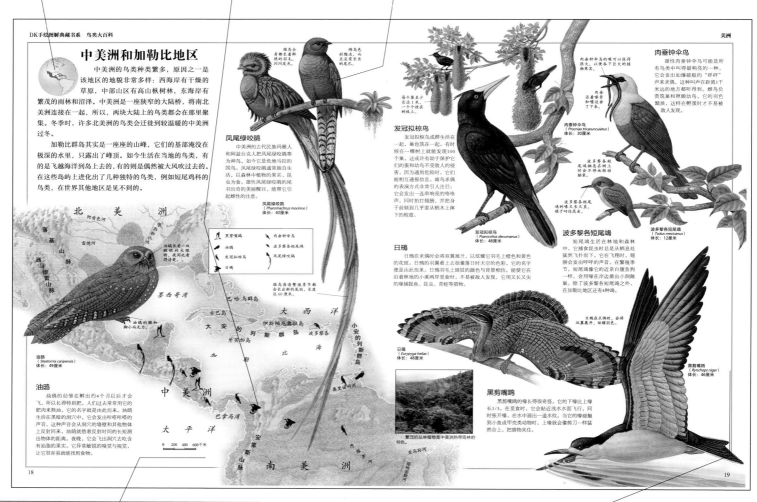

比例尺

你可以用这个比例尺，计算出地图上标示的地理面积。

黑剪嘴鸥

（ Rynchops niger ）拉丁文名称

科学家给每种鸟都取了一个拉丁文名称。这样一来，无论人们使用什么语言，都能通过拉丁文名称来辨识鸟类。鸟类的拉丁文名称分为两部分，第一部分是给体形类似的鸟所取的共同名称，即属名，Rynchops就是剪嘴鸥的属名；第二部分作用是用来划分特定种类的鸟，即种名，它往往能提供该种鸟的特征。剪嘴鸥学名的第二部分是niger，意为"黑色"。

什么是鸟

鸟类是当今世界唯一长有羽毛的生物类别。它们会生蛋，体温恒定不变，属于恒温动物。鸟类是从大约1.5亿年前的爬行动物发展或进化而来的。生活在那一时期，长有羽毛的恐龙——始祖鸟可能是鸟类的祖先。始祖鸟大约和乌鸦一样大，虽然它身上长着羽毛，但它可能并不十分善于飞行。现存的鸟类约有万种，可能都是从类似始祖鸟的早期鸟类进化而来的。

始祖鸟复原图

红鹦鹉的体羽

鸽子的绒羽

珠鸡的飞羽

羽毛

鸟类身上的羽毛极多，甚至连鹩鹩这样小的鸟身上都有一千多根羽毛。羽毛主要有3种：长在翅膀和尾巴上的飞羽，覆盖身体大部分的体羽，以及用来保持体温的绒羽。飞羽由羽枝的丝状体组成，就像拉链一样。这些丝状体相互勾连，松开后还可以再联结起来。鸟类每年都会蜕去身上大部分的羽毛，然后再长出新羽来替换。

游隼
（ Falco peregrinus ）

鸟的翅膀轻而有力，且十分灵活，所以鸟在空中翻滚、盘旋时，翅膀才不会折断。

鸟没有牙齿，它的喙虽轻，但非常有力。

鸟的骨骼

鸟的骨骼可以保护它娇嫩的器官，如心脏、肺和脑等。不过，飞鸟全身的骨架都很轻，翅膀和腿上的长骨内部是蜂巢状气室（上图），有坚硬支柱支撑。这样它们在飞行时，才不必负担太大的体重。

鸟在飞翔时，使用尾羽掌握方向。

原鸽
（ Columba livia ）

鸽子等鸟类是通过拍翅来飞翔，但鹰和信天翁等鸟类则不需要怎么拍翅就能滑翔很长的距离，蜂鸟甚至能在空中定点飞翔。

鸟像它的爬行类祖先一样，脚上长着鳞片。

鸟怎样飞行

鸟是地球上现存体积最大、速度最快且最有力的飞行动物。它们具有平滑的流线体形，因此飞行时阻力较小。它们的翅膀能推动身体前进，强有力的胸肌能帮助它们上下挥动翅膀。鸟类翅膀的上面是弧形，下面是平的。这种翼形会使翅膀底下产生一个高气压区，翅膀上面产生一个低气压区，高低气压的压差就会把鸟托向天空。有些鸟类不会飞，如企鹅和鸵鸟，但它们都有自己的擅长之处，比如企鹅很擅长游泳，鸵鸟很擅长奔跑。

鸟喙

鸟类用喙来叼啄食物、梳理羽毛和搭筑巢穴。鸟喙的大小和形状，取决于它吃的东西和觅食的方式。

松雀
（ Pinicola enucleator ）
以种子为食。

小绿拟䴕
（ Megalaima viridis ）
以果实和昆虫为食。

非洲寿带鸟
（ Terpsiphone viridis ）
以昆虫为食。

澳洲蛇鹈
（ Anhinga novaehollandiae ）
以鱼类为食。

蛋和小鸟

鸟类都是卵生动物。坚硬的蛋壳能保护正在发育的小鸟，空气可穿透蛋壳，供发育中的小鸟呼吸，小鸟在蛋里还有一个食物储存库。在小鸟发育期间，它的父母必须蹲坐在蛋上保持温度，这就是孵化。晚成性鸟类在刚破壳的时候既没有视力，也没有羽毛，无法自己活动。可是早成性鸟类，例如这只小鸭，孵出来的时候就发育得比较好，破壳几小时内就会四处走动、照料自己。

小鸭子用喙将蛋壳啄破，准备破壳而出。

刚破壳的小鸭子的羽毛仍是湿的。

约3小时后，小鸭子的羽毛就干了，而且能四处走动了。

鸟类生活在哪里

　　鸟类几乎存在于地球的各个角落。它们之所以能分布得这么广，是因为它们中的大多数拥有飞行的能力，且食物种类丰富，还能在不同气候下保持体温恒定不变。

　　栖息地是生物生存和繁衍的地方。鸟类的栖息地必须是能提供食物、庇护所和可供筑巢的地方。有些鸟能适应多种环境，对栖息地毫不挑剔，例如仓鸮。有些鸟则较为特殊，例如巨嘴鸟只生活在中美洲和南美洲的雨林中。有些鸟类终年待在一个栖息地，有些鸟类则会在每年的特定时间内迁徙。

　　除了大自然的栖息地，现在人类建造了越来越多的人工栖息地，例如房舍、公园、庭院等。有些常见鸟，如椋鸟和麻雀，已经习惯生活在这些靠近人类聚居地的新栖息地。

　　在这幅跨页图的下方，我们将为你介绍一些鸟类栖息地的概况。

相似的外形

　　生活在相似栖息地或食物类似的鸟类，往往会进化成相似的样子。下面这幅地图展示出世界各地的大草原，以及三种外形相似的鸟：鸵鸟、鸸鹋和大美洲鸵。它们都不会飞，但长出了强壮的腿躲避危险。所以可能有亲缘关系，这就是"趋同进化"。但有些鸟类并无任何亲缘关系，却也出现趋同进化的现象，例如来自美洲的蜂鸟和来自澳大利亚的西尖嘴吸蜜鸟都吃花蜜，但却并不属于同一科。

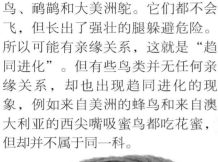

鸸鹋
（ *Dromaius novaehollandiae* ）
大洋洲

北美洲　欧洲　亚洲

大西洋　非洲　印度洋

南美洲

太平洋　大洋洲

大美洲鸵
（ *Rhea americana* ）
南美洲

鸵鸟
（ *Struthio camelus* ）
非洲

极地和冻原

　　北极和南极是地球上环境最恶劣的地区。极低的气温、怒号的狂风和漫长而漆黑的冬季，都意味着鸟类很难在那里生存。不过，夏季时仍会有海鸟在岩岸上筑巢。北极的周围是寒冷无树的冻原区；夏季时，水鸟、野鸭和雁等，会成群结队到这里生育繁殖，因为这里几乎没有敌人，而且食物丰富、日照充足。

请参考：第8-9页，第58-59页

针叶林

　　松树、冷杉和云杉一类的针叶树生长在北美洲、欧洲和亚洲北端的庞大森林中，这些森林称作针叶林带，针叶林带是世界上最大的林地之一。大部分针叶树都长着四季不落的针状叶。鸟类以树上的球果为食，并且借此帮助散播树种。此地夏季的气候通常比较温和，冬季却极为寒冷。许多鸟类都在冬季时飞往较暖和的南方。

请参考：第12-13页，第28-29页

落叶林

　　落叶林是阔叶林的一种，在北半球，它位于针叶林的南面。林中的多数树种秋冬季节都会落叶，如橡树和山毛榉。落叶林区一般全年雨量充沛，气候普遍温和。这些林地在春夏两季为鸟类提供了丰富的食物和筑巢的场所。

请参考：第12-13页，第52-53页

草原

　　当一地的气候过度干燥、土壤过度贫瘠，以致林木无法生长时，就会形成草原。这种栖息地经常会发生火灾，但大火过后草还会再长出来。草原为食谷性和食虫性的鸟类提供了大量的食物。热带草原四季炎热，干旱期很长，例如非洲大草原。温带草原则春秋比较凉爽，夏季炎热，冬季寒冷而漫长，比如南美洲大草原。

请参考：第23页，第38-39页

岛屿上的进化

许多珍奇鸟类生活在岛屿上，例如夏威夷群岛（下图）、加拉帕戈斯群岛、马达加斯加岛以及新西兰岛。生活在岛屿上的鸟类由于与大陆上的同类亲属长期隔绝，所以进化方式十分独特。例如在大约600万至500万年前，一种雀鸟来到夏威夷群岛，由于很少有其他鸟类与之竞争，这种鸟已经进化出40多种不同的物种，而且每一种都拥有各自的栖息地和食物，所以彼此能够和平共处。

高山栖息地

亚洲的喜马拉雅山（右图）、南美洲的安第斯山、北美洲的落基山和欧洲的阿尔卑斯山等高山，为鸟类提供了广阔的栖息地。海拔较低的山坡上生长着温带森林，这些森林再往上延伸，就渐渐变成了草原和冻原。在到达某个高度之上，就没有树木了，这个高度称为森林线。这种现象是因为气候太冷，树木无法生长。最高的山顶上则被冰雪覆盖着，没有任何鸟类能够生存。高山上的鸟类必须适应低温、狂风和稀薄的空气。有些鸟类会随着季节的变化而上下迁移。

共同生活

同一栖息地的不同种类的鸟会并肩生活。落叶林是食物丰盛的栖息地，各种不同的鸟类可以共同生活在一棵树上。它们在不同的高度觅食筑巢，吃的是不同的食物：有些鸟专吃昆虫，有些鸟则喜欢吃种子。鸟类以这样的方式来分享栖息地的资源，对它们来说，这要比相互争夺同一种资源更有利于生存下去。

树梢上的鸟

像蓝山雀和林柳莺这样的小型鸟类常会吊挂在较小的细枝上，啄食树叶和树皮上的昆虫。

树林中的鸟

像斑鹟这样的鸟会从栖枝上猛然飞出，捕捉飞虫；啄木鸟会用喙啄树干和树枝，寻觅昆虫。它们还会在树干上啄洞筑巢。

林地上的鸟

像丘鹬这类较大型的鸟会在林地上觅食和筑巢。这些鸟的羽色通常与枯叶相近，是很好的伪装。鹪鹩和其他吃昆虫的小鸟，则常在茂密的灌木丛树叶和细枝间灵活地跳跃；细枝和树叶的遮掩，正好能帮助它们躲避敌人。

林柳莺
（ *Phylloscopus sibilatrix* ）

蓝山雀
（ *Cyanistes caeruleus* ）

大斑啄木鸟
（ *Dendrocopus major* ）

斑鹟
（ *Muscicapa striata* ）

丘鹬
（ *Scolopax rusticola* ）

鹪鹩
（ *Troglodytes troglodytes* ）

灌丛带

这种温暖、干燥、多尘的栖息地，生长着坚硬的灌木和小乔木，主要分布在地中海沿岸、美国加利福尼亚州和澳大利亚的部分地区。在澳大利亚，这些地方被称为内陆。在漫长炎热的夏季里，会有许多鸟儿迁徙到这些灌丛带，因为在这里有许多昆虫和种子可吃；在寒冷潮湿的冬季，有些鸟儿就飞到别处去了。

请参考：第30-31页，第52-53页

沙漠

沙漠约占地球陆地面积的1/5。由于这些地区的降雨很少，而且白天的气温很高，因此鸟类在这里的生存环境很恶劣，在一天中最热的时候，生活在这里的鸟便躲在阴凉处。它们或是从食物中摄取水分，或是飞到很远的地方去找水。世界上的重要沙漠包括北美洲西部的沙漠，非洲的撒哈拉沙漠、卡拉哈迪沙漠、纳米布沙漠以及澳大利亚中部的沙漠。

请参考：第15页，第52-53页

热带雨林

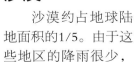

热带雨林生长在赤道附近，终年炎热潮湿。虽然热带雨林面积还不到地球表面面积的10%，但却有半数以上种类的野生动物以此为家。许多鸟类生活在树梢，因为那里有着更多的阳光、热量和食物。不过，在不同的树层都有鸟类栖息，它们分享着这块栖息地富饶的食物和充足的空间。较大型的鸟类生活在森林的地面上。

请参考：第20-21页，第36-37页，第54-55页

湿地

有水的地方是鸟类最喜欢的栖息地之一，例如鹭、鸭、雁和天鹅就生活在这类地方，因为这里有足够的鱼、昆虫和水生植物供它们食用，而且在芦丛中与河岸上还可以筑巢。沼泽是湿地的一种。沼泽地区会有树生长，但在沼泽地则很少有树。人类制造的水污染，对鸟类生存造成了极大威胁。

请参考：第16-17页，第40-41页

北极地区

北极地区位于地球的最北部，它的主体是一大片被冰层覆盖的海洋，此外还包括北美洲、欧洲和亚洲的北端。在北极地区，没有结冰的陆地是一片低而平坦的冻原，上面长着许多地衣、苔藓、杂草和紧贴着地面生长的蔓生灌木。

很少鸟类能长年生活在北极地区，因为那里的气候非常寒冷，特别是在每年10月到第二年3月那段没有白昼的冬季。到了终日明亮的夏季，许多鸟类会迁徙到北极地区筑巢、觅食。夏季的北极地区，阳光充足，气候温暖，海里的微生物生长得很快。这些微生物被鱼吃掉，而这些鱼又是数百万只海鸥、海雀和燕鸥的美食。冻原上部分地区的冰融化后，植物开花结籽，昆虫破卵而出，许多涉禽、鸭子、雁和小型鸟类便迁来啄食这些种子和昆虫，同时下蛋和哺养幼鸟，

夏季快要结束时，它们会飞往南方，逃离北极地区严酷的冬天。

雪鸮

雪鸮就像一个无声无息的白色幽灵，静静地在北极冻原上空滑翔，寻捕着鸟类，或旅鼠、野兔等小型哺乳动物。有时候，它一天捕杀的旅鼠就多达10只。当周围的食物比较充足时，这种健壮的鸟类会产下很多蛋，小鸟存活下来的机会也比较大；但是在食物稀少时，它们可能连巢都懒得筑了。

雪鸮
（ Bubo scandiacus ）
体长：66厘米

雌雪鸮的体形比雄性大，黑色斑纹也更多。

雪鸮的腿和爪子健壮有力，可用来袭击和攫取沉重的猎物。

侏海雀

侏海雀用喉囊携带食物，所以喉咙外突。

这种小巧的鸟类长得很像南极的企鹅，因为它们的生活和饮食习惯都很类似。侏海雀的身体呈流线型，以便在水下游动；它们会用像鳍一样的翅膀推动身体前进。侏海雀有一层厚厚的皮下脂肪，使它们在冰冷的北极海域中不会觉得寒冷。侏海雀也叫短翅小海雀。夏季时，数百万只侏海雀会在北极海岸上繁衍后代；冬季时，它们就向南迁移，但很少迁移到北极圈之外。

侏海雀
（ Alle alle ）
体长：20厘米

铁爪鹀

雄性铁爪鹀在夏季的繁殖时期，羽毛会变得十分鲜亮，以便吸引雌鸟。冬季时，它的羽毛就逊色得多。

在夏季，铁爪鹀会迁徙到北极地区的冻原去筑巢。由于没有树木可栖息，雄性铁爪鹀只好站在石头上或飞在空中高声鸣叫，以吸引雌性铁爪鹀，或警告雄性对手离开。为了防止肉食动物的袭击，铁爪鹀的巢穴通常都以小群的形式集体筑巢。

铁爪鹀
（ Calcarius lapponicus ）
体长：17厘米

长尾鸭

在北极地区的夏季，雄性长尾鸭向雌鸭求偶的真假混合嗓音，在空旷的冻原上能传得很远。有些观鸟者认为这种叫声听起来很像风笛声。长尾鸭善于潜水，最深能够潜到水面以下55米去追捕鱼类。在浅水地区，它们就在泥泞的水底捕食贝类和其他水生小动物。

雌鸭的面颊上有深色斑块。

雄鸭长着长长的尾羽。

长尾鸭
（ Clangula hyemalis ）
体长：60厘米

图中雄鸭和雌鸭的羽色正值夏季，称为夏羽，主要是棕色，带有白色花斑。冬季时的羽色（冬羽）与夏季正好相反，主要是白色，带有棕色花斑。

0 300 600 900千米

楚科奇海

波弗特海

图例

雪鸮　　　　长尾鸭
铁爪鸡　　　红颈瓣蹼鹬
北极燕鸥　　小天鹅
侏海雀

北美洲

维多利亚岛

巴芬岛

埃尔斯米尔岛

巴芬湾

北冰洋
（终年冰冻）

拉普捷夫海

亚洲

格陵兰岛

法兰士约瑟夫地群岛

斯瓦尔巴群岛

喀拉海

格陵兰海

巴伦支海

冰岛

北极圈

欧洲

在冻原，地表下的土壤总是冰冻着，而地表那一层薄薄的土壤在冬天时结冻，夏天时融化。融化后的水积聚在一起，形成了湖泊和湿地，水鸟就在此觅食。

北极燕鸥
（ *Sterna paradisaea* ）
体长：36厘米

一只雄性北极燕鸥在求偶时，送了一条鱼给它的配偶作为礼物。在雌性北极燕鸥孵卵期间，雄鸟要负责给配偶喂食。

北极燕鸥

这种美丽优雅的鸟飞得比其他任何鸟都要远，看到太阳的时间比其他任何生物都要长。夏季时，北极燕鸥在北极地区繁殖下一代；秋季来临时，它们便南下飞到南极，那里的夏季才刚刚开始。也就是说它们每年要来回飞行约40000千米。北极燕鸥会将巢穴成群筑在一起，并且相互帮助，赶走来犯者。它们经常采用俯冲的方式来攻击北极狐等敌人，有时，它们也会用喙啄敌人的脑袋。

小天鹅

小天鹅也被称为短嘴天鹅，它们在北极繁殖，但到了冬天就迁徙到遥远的欧洲、中国、日本以及美国。年幼的小天鹅出生3个月时，就开始跟随父母迁徙。雌性小天鹅会在水边湿软的地上以苔藓和芦苇筑巢，然后下蛋。鸟巢旁边通常会垫着一些绒羽，那是雌性小天鹅从胸脯上拔下来，以保持蛋的温度的。

小天鹅喙上的黄斑跟大天鹅不一样。

雄性小天鹅与雌性小天鹅长得完全一样。

小天鹅
（ *Cygnus columbianus* ）
体长：150厘米

红颈瓣蹼鹬

这种鸟的体色和习性与一般鸟类截然不同。其他多数鸟类都是雄鸟的羽毛比较光鲜，并且主动求偶。这种鸟雌鸟的羽毛往往比雄鸟的还鲜艳，而且在求偶过程中也是雌鸟主动发起攻势。雄性红颈瓣蹼鹬负责孵蛋和照顾幼鸟。幼鸟在出生大约3个星期后，就能够照料自己了。当北极地区的冬季来临时，红颈瓣蹼鹬便向南迁徙到比较暖和的地方去。

红颈瓣蹼鹬
（ *Phalaropus lobatus* ）
体长：19厘米

一只雄性红颈瓣蹼鹬正在照顾幼鸟。幼鸟身上长着条纹，具有伪装的功用。

美洲

亚美利加州简称美洲，是由北美洲和南美洲两块大陆块组成。北美洲包括加勒比群岛和连接这两块大陆的狭长山地——中美洲。南美洲的气候普遍比北美洲温暖，拥有的鸟类高居世界第一。由于南美洲曾与其他大陆隔绝了数百万年之久，所以，那里有许多鸟类都是其他地区没有的，如麝雉、油鸱、大美洲鸵和喇叭鸟等。世界上有将近一半的鸟类在南美洲的热带雨林区繁殖后代，或于迁徙途中在那里停留。

相比之下，北美洲特有的鸟类不多，生活方式也没那么多样化。原因之一是该地区拥有众多的城市和农场。此外，寒冷的气候也是一个重要因素。在这种气候条件下，当地就没有多少食物和可供遮蔽之处。到了冬季，许多鸟不得不飞不到中美洲和南美洲去过冬。另外，最后一次的冰期也使北美洲的许多鸟类绝迹，或将它们赶到南方。

移动中的大陆

地球薄薄的表层称为地壳，由若干巨大的板块组成，这些板块块浮在厚厚的熔岩层上。地球内部有一股巨大的力量使板块缓缓移动，同时也带动了地球表面的大陆块，这种运动称为大陆漂移。北美洲和南美洲并不是一直处于今天的位置，在数百万年间，大陆漂移运动把这两块陆地拉开又合并，并改变了它们的形状和地貌。

大约在2亿年前

一种说法认为，2亿年前，所有的陆地都联结在一起，是一整块大陆，我们称其为盘古大陆，但后来这块大陆缓慢地分裂了。

大约在5000万年前

北美洲与欧亚自成一个大陆，南美洲则自成一个岛。如今南美洲之所以会进化出许多独特的珍奇鸟类，就是因为这些鸟无法与其他大陆的鸟混居。

大约在300万年前

各个大陆都已经移到了今天《世界地图》上所标示的位置，南美洲与北美洲也连接起来了。鸟类可以利用中美洲这座大陆桥，在南美洲、北美洲两块大陆之间迁徙。

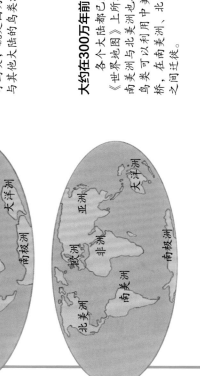

夏末，加勒比海经常出现大风暴，这些风暴会把迁徙自北美洲的鸟吹偏离自徙的路线。

北冰洋

北美洲

哈得孙湾　大湖区　密西西比河　落基山脉　阿拉斯加湾

气候与地貌

美洲北起北极，向南一直延伸到南极洲附近。可以说跨越了整个地球。这里拥有世界上各种主要的栖息地，例如阴暗潮湿的常绿森林、阳光充足的阔叶林地、干燥的草原、潮湿的雨林、沙漠和沼泽。美洲的西侧耸立着两条南北走向的巨大山脉——落基山脉和安第斯山脉，使一些鸟类不能自由地从东面迁徙到西面。

美洲鸟类奇观

最小的鸟
吸蜜蜂鸟是世界上最小的鸟类，成年的雄性蜂只有第5.7厘米长。

飞得最慢的鸟
小丘鹬的飞行速度慢得让人难以置信，它的平均飞行速度为8千米每小时。

繁衍最快的鸟
1890年，纽约引入120只椋鸟，60年后，它们就已经出现在北美洲的大部分地区。

最重的鸟巢
白头海雕的巢是所有鸟类巢穴中最重的。一个巢可重达2000千克，大约和两辆汽车一样重。

跑得最快的鸟
走鹃是鸟类中跑得最快的鸟，每小时能跑29千米。

吸蜜蜂鸟
（Mellisuga helenae）

走鹃
（Geococcyx californianus）

盘古大陆

北美洲　欧洲　亚洲　非洲　南美洲　大洋洲　南极洲

北美洲　欧洲　亚洲　非洲　南美洲　大洋洲　南极洲

数百万只的鹈鹕和其他海鸟在南美洲西岸外海筑巢，当地人收集鸟类粪便作为肥料。

中美洲

安第斯山脉

太平洋

南美洲

潘帕斯草原

安第斯山脉

大西洋

雨林

将近40种巨嘴鸟科的鸟类生活在南美洲的雨林之中。这种粪咎巨嘴鸟，是常见的一种。

河流、湖泊和沼泽

经常停留在水边的美洲鹭鸶，倒如林边的美洲鸳，喜欢在水池边的美型的美洲鸳包括树鸭、船鸭、绿翅鸭和海番鸭。

林地

美洲拥有30多种鸦，乌鸦，喜鹊和松鸦，还有爱叫的冠蓝鸦，在北美洲的林地上随处可见。

山脉

冠雉主要生活在中美洲和南美洲的山林里，例如美丽的安第斯冠雉，主要生活在南美洲。

草原

这种小鸮生活在美洲的草原和沙漠中，美洲拥有将近60种的鸮，其中这种角鸮角鸮鹬。

沙漠

世界上大部分曲嘴鹪鹩生活在美洲，图中这种棕曲嘴鹪鹩喜欢以沙漠作为栖息地。

美洲概况

鸟的数目

有3400多种鸟生活在南美洲，仅哥伦比亚一地就有1800多种鸟，而在墨西哥以北的北美洲生育繁衍的鸟类，只有不到1000种。

最长的山脉

安第斯山脉位于南美洲西侧，南北绵延8900余千米，是陆地上最长的山脉。

最长的河流

南美洲的亚马孙河是世界上第二长的河流，仅次于尼罗河。每天地球上有1/5的淡水流经这条亚马孙河在亚马孙河注入大西洋时携量大，有时含河口冲力远达海面上。在离入海口320千米远的海面上，仍有可能舀到淡水。

落差最大的瀑布

位于委内瑞拉的安赫尔瀑布，其落差979米，是世界上落差最大的瀑布。

最大的湖泊

苏必利尔湖是北美洲五大湖中最大的湖泊，也是全世界最大的淡水湖。

最高的气温

北美洲的死谷是地球上最热的地方之一。该地的夏季温度经常超过55摄氏度。

最古老的山脉

阿巴拉契亚山脉形成于4.8亿年前，属于地球上最古老的山脉之一。

典型的鸟

这里将介绍几种以美洲为主要栖息地的典型鸟类。在接下来的几页中，你可以更加了解它们的情况。

北美洲
森林与林地

　　一条宽阔的常绿森林带横跨了加拿大的国土，最宽的地方达 800 千米。这片森林通常被叫作加拿大北方森林，是根据希腊神话中的北风之神命名的。林中如松树、云杉和冷杉之类的针叶树球果、花蕾和针叶，是蜡嘴雀、交嘴雀和灯草鹀的食物。但到了冬季，寒冷的天气迫使多数鸟类飞往南方，以躲避恶劣的气候。

　　在这片森林的南面是一片片的林地，那里的气候比较温暖潮湿，最常见的树种是冬天会落叶的阔叶树，如橡树、枫树、胡桃树和山核桃树等。覆盖在林地上的腐殖层中生长着鸟类嗜食的各种小生物，是鸟类的理想食物。在南面阳光充足的林地，食物种类及可供筑巢的地方要比北面的针叶林多得多。

黄腹吸汁啄木鸟

　　黄腹吸汁啄木鸟会在白桦树上钻出一排排整齐的洞，等待着树液渗出。之后，它会用刷子般的舌头舔食有甜味儿的树液。昆虫有时候会陷在黏稠的树液上，于是也成了它的腹中食。冬季时，黄腹吸汁啄木鸟会向南迁徙到气候温暖的中美洲和加勒比群岛。

黄腹吸汁啄木鸟
（ Sphyrapicus varius ）
体长：21厘米

山齿鹑
（ Colinus virginianus ）
体长：28厘米

黄腹吸汁啄木鸟会用尾巴顶住树干，以支撑自己的身体。

白头海雕

　　白头海雕也称作秃鹰，是美国的国鸟。在求偶时，雄鸟和雌鸟会把爪子钩在一起，在空中翻滚，景象十分壮观。每对白头海雕都会建造一座巨大的巢。巢以树枝、草和泥土筑成，大都建在树上或岩石峭壁上。它们会一直使用同一座巢穴，并且不断地将之扩大。

白头海雕头上的白色羽毛要到 4 岁以后才会长出来。

鲑鱼是白头海雕常吃的食物。

白头海雕
（ Haliaeetus leucocephalus ）
体长：96厘米
翼展：240厘米

枫树组成的阔叶林在冬季落叶之前，会形成一片耀眼的红色和金黄色的枫叶林。

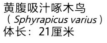

成群的山齿鹑在受惊吓时会四散而飞，以迷惑敌人，争取逃跑的时间。

山齿鹑

　　在繁殖季节以外，山齿鹑会有15至30只群居的现象。每一群山齿鹑都会捍卫自己的领地，不让其他山齿鹑侵入。到了晚上，同群的山齿鹑会在地上围成一个圆圈，头朝外以应付危险，它们彼此互相依偎，将身子紧贴在一起以保持体温。

0　　250　　500　　750千米

北 冰 洋

阿拉斯加湾

太 平 洋

大熊湖

大奴湖

北 美 洲

落 基 山 脉

黄腹吸汁啄木鸟	主红雀
三声夜鹰	白头海雕
披肩榛鸡	旅鸫
山齿鹑	

格兰德河

鸮——夜间猎食者

鸮（猫头鹰）是林地中最特殊的鸟类之一。短而圆的翅膀让它们能够在树林中飞翔自如。鸮有一双大眼睛，头能够大幅度转动，可以看到身后。大部分的鸮在夜间捕猎，因为它们的听觉和视觉在黑暗中都很敏锐。鸮的圆脸像个雷达盘，具有收集声音的功能，声音碰到它的圆脸后便传入耳孔。鸮的耳孔长在脸两侧长有羽毛的皮腮下。

鸮的腿强健有力，爪子尖而带钩，便于攫取猎物。

鸮的飞羽边缘有软毛，能够突破气流并消减翅膀发出的声音，所以鸮在飞翔时几乎无声无息。

鸮的外趾可以向前、向后伸展，便于做各种不同的抓握。

林地鸮从栖息处猛地飞扑下来，在最后一瞬才把脚伸向前方，抓住猎物。它能将家鼠和田鼠一类的猎物整只吞食下去，先入口的是猎物的头。无法消化的骨头、毛皮或羽毛，则会在胃中紧紧压缩在一起，每隔一两天便会吐出，这种行为被称为食茧。

主红雀

主红雀是因羽色像罗马红衣主教穿的鲜艳红袍而得名。它的叫声千变万化，有时雄鸟和雌鸟还会轮流对唱，好像在对话一样。其他鸟类只有在繁殖季节才生活在自己的领地内，但主红雀却一年四季都在自己的领地叫个不停，以赶走其他鸟类。

雄性主红雀的羽毛比雌性的更加艳丽。

雄鸟

雌鸟

主红雀
（*Cardinalis cardinalis*）
体长：23.5厘米

披肩榛鸡

披肩榛鸡
（*Bonasa umbellus*）
体长：48厘米

春季时，雄性披肩榛鸡常常会坐在一根圆木上，上下拍打翅膀，发出类似击鼓的声音，以吸引雌性披肩榛鸡。这种声音的频率会越来越快，在森林中传得很远。雌性披肩榛鸡在白杨树上做窝，在孵蛋时，就以白杨花为食。到了冬季，披肩榛鸡的脚趾上会长出像梳子一样的短毛，作用就和雪鞋一样。

雄性披肩榛鸡通过拍打翅膀，以吸引配偶。

求偶时，雄性披肩榛鸡会把尾羽像扇子一样展开。

三声夜鹰纷杂的毛色使它能巧妙地隐藏在枯叶堆中。

三声夜鹰

三声夜鹰
（*Antrostomus vociferus*）
体长：27厘米

白天时，三声夜鹰睡在森林地面上。它身上斑驳的羽毛与枯树叶融为一体，形成保护色，所以很难被天敌发现。到了夜间，它会张着嘴贴近地面飞行，吞食迎面飞来的昆虫。这种鸟因在鸣叫时会发出3个音节的声音而得名。它有时候会不间断地叫上百遍。

哈得孙湾

圣劳伦斯河

大西洋

大湖区

阿巴拉契亚山脉

密西西比河

旅鸫

旅鸫原来只在空旷的林地上筑巢，但后来渐渐适应了郊区的庭院，因此常把窝搭在人类房屋的门廊上或附近的树上。它吃昆虫和蚯蚓，也喜欢吃水果。旅鸫有时会数千只群聚栖息在一起，在北方的针叶林中过冬。

旅鸫
（*Turdus migratorius*）
体长：28厘米

旅鸫视力敏锐，能发现蚯蚓。

西部山脉

　　落基山脉、喀斯喀特山脉和内华达山脉等西部山脉，为鸟类提供了集中且多样化的栖息地。在较低处的山坡地上，气候温暖湿润，森林十分茂密，为啄木鸟、星鸦、松鸦、山雀等鸟类提供了遮蔽处和食物。

　　较高处的山地比较寒冷干燥，无法形成森林，只能长出草地。再向上是冰冻的山峰，那里便只有光秃秃、多岩石的景观。在这里，鹰和其他猛禽凭借着横扫过山脉间的上升气流展翅翱翔。

有些罕见的鸟类生活在较高的山坡上，例如雷鸟，它们柔软的绒羽具有保暖的作用。

黑嘴喜鹊

　　黑嘴喜鹊是一种适应力很强的鸟，很多东西它都能吃，尤其爱吃昆虫和小啮齿类动物。它经常栖息在牛和羊的背上，啄食寄生在牛羊毛皮上的虱子和蛆。它会用枝条、泥土和其他植物材料筑成又大又结实的窝，里面还垫上一层小草和细毛。它们的窝巢通常有以带刺树枝搭成的圆顶，可以避免敌人的袭击。

白尾雷鸟

　　冬天，白尾雷鸟会长成白色的羽毛，以雪地的颜色为保护色。它常常蜷缩在雪中，以避开敌人和强劲寒冷的山风。它遇到危险时往往是跑开，而不是飞走。在夏季繁殖时期，它会长出斑驳的棕色羽毛。这种羽色对雌鸟十分有利，因为在孵蛋时，这种体色和周围环境相似，不容易被发现。

金雕（*Aquila chrysaetos*）
体长：90厘米
翼展：230厘米

有力的钩形喙能撕扯猎物的肉。

强而有力的爪子能抓起兔子一类的猎物，并抓着它飞翔。

金雕

　　金雕靠着它强而有力的双翅在空中翱翔，以寻找食物。当它敏锐的眼睛发现了小型哺乳动物时，会迅速俯冲下来捕捉猎物，并用钩形爪子抓住猎物。金雕也会攻击像鹿这么大的动物，尤其在冬季很难找到其他食物时更是如此。它的巢以枝条筑成，通常建在山崖或大树上，非常巨大。

黑嘴喜鹊
（*Pica hudsonia*）
体长：60厘米

黑嘴喜鹊尾巴比身体还要长。

白尾雷鸟
（*Lagopus leucurus*）
体长：34厘米

北美白眉山雀
（*Poecile gambeli*）
体长：15厘米

北美白眉山雀

　　春夏两季，北美白眉山雀在山林里筑巢；但到了寒冬，它就飞到比较暖和的山谷去，加入林柳莺和绿鹃之类的小鸟群，在山谷林地中寻找食物。北美白眉山雀到了冬天如果还留在原来的领地，是找不到足够食物的。

北美白眉山雀以昆虫和花旗松等针叶树上的种子为食。

脚上的羽毛能保暖，脚趾上鳞片的功能类似于雪鞋，能防止鸟儿陷入雪中。

沙漠

在美国西南部炎热干燥的沙漠区，鸟的种类同样多得惊人。为了适应酷热的天气，这些鸟类都待在岩石的阴影处，或待在沙漠哺乳动物挖的洞穴里。索诺兰沙漠的年降水量一般不超过200毫米，大盆地沙漠的年降水量一般不足40毫米，所以在这些地区，鸟类没有太多水可喝。它们不得不从食物中摄取所需的大部分水分，例如种子、其他动物及含水丰富的仙人掌。仙人掌带刺的枝杈可以支撑和保护许多鸟类的窝巢，其中有些仙人掌非常巨大，如巨柱仙人掌，鸟儿可以在里面筑巢，避开灼热的阳光，十分凉快。大盆地沙漠中长着许多富含油脂的山艾、灌木，可以给鸟儿补充能量。

一只希拉啄木鸟攀挂在一棵沙漠大仙人掌上，给窝里的小鸟喂食昆虫。

北 美 洲

阿拉斯加湾

哈得孙湾

落基山脉

太 平 洋

0　200　400　600千米

大盆地沙漠

死谷

莫哈韦沙漠

索诺兰沙漠

大平原

阿肯色河

雷德河

格兰德河

马德雷山脉

加利福尼亚湾

墨西哥湾

图例

金雕　　　　　　姬鸮

黑嘴喜鹊　　　　棕曲嘴鹪鹩

北美白眉山雀　　白尾雷鸟

走鹃

棕曲嘴鹪鹩

这是北美洲体形最大的鹪鹩。和其他鹪鹩一样，它会筑若干个功能不同的窝巢：一些用来睡觉，一些用来遮风避雨，还有一些用来下蛋和孵育小鸟。所有的巢都有一个圆顶，还有一个隧道状的入口。这些巢大都筑在多刺仙人掌上，或是带刺的丝兰及牧豆树属植物上。鹪鹩似乎并不在乎尖尖的刺，但它的敌人却很难接近鸟巢。

棕曲嘴鹪鹩
（ *Campylorhynchus brunneicapillus* ）
体长：19厘米

走鹃

走鹃是一种生活在地面上的杜鹃。虽然人们经常在路上看见它，但它其实是一种很害羞的鸟，遇到危险时就迅速跑开。它会追逐所有移动的东西。如果那双长而有力的腿奔跑起来，时速可达24千米，当它拍打粗短的双翅时还可以加速。它的长尾巴具有刹车的功能，能帮它停下来或改变方向。

姬鸮
（ *Micrathene whitneyi* ）
体长：14厘米

姬鸮

又名娇鸺鹠，是世界上体形最小的猫头鹰，其大小还不及成年人的一只手掌。它主要在夜间捕食，能用双脚捕捉昆虫。它也吃蝎子，但在吃之前，它会把螫针拔下来或把蝎子踩烂。为了躲避灼热的阳光，它白天栖息在其他鸟挖掘的大仙人掌洞穴里。如果被抓住，姬鸮会装死，直到它认为渡过难关为止。

走鹃
（ *Geococcyx californianus* ）
体长：58厘米

走鹃吃的食物种类很多，包括蜥蜴、老鼠、昆虫，甚至小响尾蛇。

湿地

　　北美洲的河流、湖泊和沼泽，也称为湿地，为鸟类提供了丰富的食物及筑巢的地方，是非常富饶的栖息地。以前，许多沼泽地没有受到保护，所以人们可以随意猎捕野鸭和野雁。不过，现在这些地方都成为自然保护区了。北美洲东南部的沼泽区内主要生长的是落叶松，松木上爬满了蔓藤、松萝凤梨和兰花。这些沼泽区包括了佛罗里达州的大沼泽地和密西西比三角洲的"淤塞海湾"。北美洲的池塘和湖泊多得惊人，有些湖泊是冰河时代的冰川在地上挖出的凹洞，有些是地壳变动造成的。不过，许多河流、湖泊和沼泽都饱受农场和工厂废弃物的污染，鸟类的栖息地因而备受威胁。

乌黑发亮的翼梢

美洲鹤在飞行时头和脖子都是伸直的。

美洲鹤

　　美洲鹤是濒临绝种的鸟类。20世纪40年代，美洲鹤差点儿绝迹，由于采取了保护措施，现在美洲鹤的数量又逐渐增加了。美洲鹤在加拿大西北部筑巢，冬天向南迁移到比较暖和的美国得克萨斯州。这种鸟的叫声又大又响亮，像喇叭声一样。

美洲鹤
（ *Grus americana* ）
体长：160厘米

普通潜鸟

　　普通潜鸟也被称为北方大潜鸟，它在湖泊、河流里可以潜到水下81米处。潜水时，它的脚可完全伸到身子后面，以便推动身体前进，但它却很难在地上行走。有时候它会发出一种混和真假嗓音及悲鸣的叫声，或者发出哀嚎和狂笑声。夜晚时经常可以听到它古怪的叫声。

图例	
粉红琵鹭	美洲蛇鹈
白腹鱼狗	普通潜鸟
美洲鹤	食螺鸢
绿鹭	

白腹鱼狗
（ *Megaceryle alcyon* ）
体长：33厘米

雌鸟的胸部和两肋都是栗色。

又硬又尖的喙能把鱼刺穿。

白腹鱼狗

　　这种翠鸟通常会在水面上空定点飞翔，然后猛然冲进水中用它尖利的喙捉鱼。它还会贴着水面低飞，然后扎入水中捕食。它在飞行时，经常会发出响亮的嘎嘎声。雌鸟经常会在水边陡峭的岸上挖一条很深很长的洞道，并在洞道的尽头下蛋。

大熊湖

落基山脉

大奴湖

北　美　洲

普通潜鸟
（ *Gavia immer* ）
体长：91厘米

冬天

夏天

潜鸟冬季的羽色比夏天的黯淡、单调。

圣劳伦斯河

大湖区

阿巴拉契亚山脉

像加拿大西北海岸这种为针叶林所环抱的湖泊，是潜鸟和鹤的家乡。

太平洋

科罗拉多河

格兰德河

马德雷山脉

雷德河

密西西比河

宽大的翅膀使蛇鹈善于翱翔。

墨西哥湾

大沼泽地

0　　250　　500　　750千米

大沼泽地

在佛罗里达州南部大沼泽地国家公园里，有着辽阔的沼泽地。这里不但是许多罕见鸟类的栖息地，也是迁徙鸟的停歇地。整个地区略高于海平面，大片沼泽上生长着莎草、杂草和灯芯草，其中还有一条条开阔的深水道，以及林木葱葱的小岛，称作"圆丘"。海岸边生长着美洲红树林，红树林的根固定了淤泥，形成了新的陆地。生活在这种温湿环境中的昆虫和鱼，自然成为鸟类的美食。

在大沼泽地的水域里，比较高的陆地便形成小岛，上面长满了树木。茂密的植物可以抵挡暴风雨和洪水。

大 西 洋

0　10　20　30千米

食螺鸢
（ Rostrhamus sociabilis ）
体长：48厘米

食螺鸢

这种鸢主要吃福寿螺。它缓缓拍动着又大又宽的翅膀，在沼泽上空低飞；当发现福寿螺时，它会俯冲而下，用一只脚爪抓住福寿螺，然后带到栖息处。接下来，它会用它细细的钩形喙把福寿螺的身体拉出来，而不必弄碎福寿螺的外壳。大沼泽地的食螺鸢曾一度濒临灭绝，但如今已成为受保护的鸟类。

细长的钩形上喙

食螺鸢雄鸟的爪子是红色的，雌鸟和幼鸟的爪子是橙色的。

粉红琵鹭
（ Platalea ajaja ）
体长：86.5厘米

长喙的末端变宽，好像汤匙一样。

耳孔长在头的侧面。

粉红琵鹭

粉红琵鹭的筑巢处是大沼泽地的一大奇观。粉红琵鹭有十分巧妙的求爱方式，例如举喙互击和互赠树枝。为了捕捉食物，粉红琵鹭会用灵敏的喙在水里左右扫动；一旦感觉有鱼之类的食物，它就会猛地张喙咬住。以前，人们为了用粉红琵鹭的羽毛来当帽饰，经常捕杀它们；如今，它们成为受保护动物，数量再度增加了。

绿鹭

绿鹭生性胆小，主要在夜间觅食，白天则躲藏在水边草丛里。它已经非常适应生活在离人类很近的城市地区。它会用细长尖利的喙捉鱼和小动物，有时候也会潜入水中追捕猎物。

雌鸟的脖子和胸部都是黄褐色的。

展开宽大的翅膀以便让太阳晒干。

美洲蛇鹈

美洲蛇鹈在水里游动时，经常只露出头和脖子，看起来就像条蛇一样，所以人们有时也叫它"蛇鸟"。它能潜入深水中捉鱼，用匕首般的喙把鱼刺穿。美洲蛇鹈利用锯齿状的喙紧紧咬住猎物，再抛向空中，待猎物落下，便一口吞下去。

美洲蛇鹈
（ Anhinga anhinga ）
体长：91厘米

绿鹭的冠羽在兴奋时会竖立起来。

绿鹭经常一动也不动地蹲在水边，以等待捕食猎物。

绿鹭
（ Butorides striata ）
体长：48厘米

中美洲和加勒比地区

中美洲的鸟类种类繁多，原因之一是该地区的地貌非常多样：西海岸有干燥的草原，中部山区有高山枞树林，东海岸有繁茂的雨林和沼泽。中美洲是一座狭窄的大陆桥，将南北美洲连接在一起，所以，两块大陆上的鸟类都会在那里聚集。冬季时，许多北美洲的鸟类会迁徙到较温暖的中美洲过冬。

加勒比群岛其实是一座座的山峰，它们的基部淹没在极深的水里，只露出了峰顶。如今生活在当地的鸟类，有的是飞越海洋到岛上去的，有的则是偶然被大风吹过去的。在这些岛屿上进化出了几种独特的鸟类，例如短尾鸡科的鸟类，在世界其他地区是见不到的。

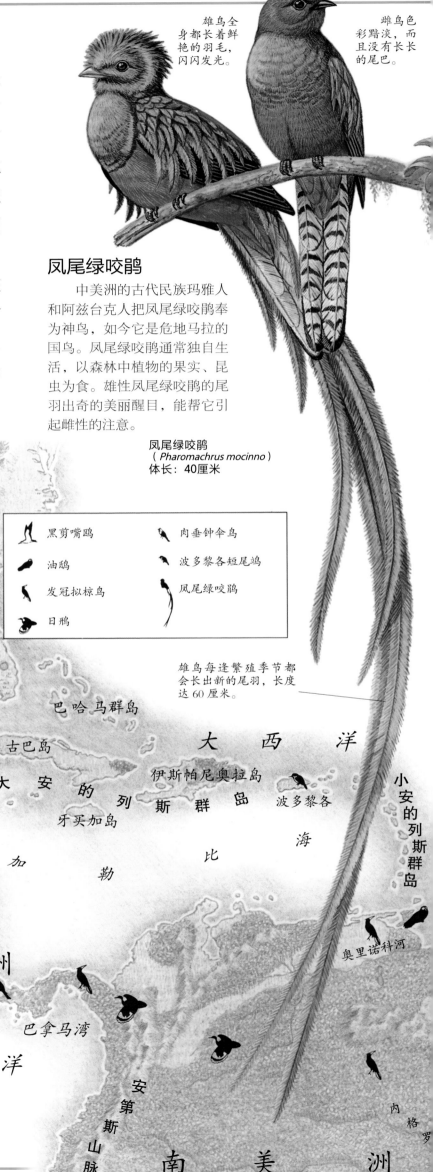

雄鸟全身都长着鲜艳的羽毛，闪闪发光。

雌鸟色彩黯淡，而且没有长长的尾巴。

凤尾绿咬鹃

中美洲的古代民族玛雅人和阿兹台克人把凤尾绿咬鹃奉为神鸟，如今它是危地马拉的国鸟。凤尾绿咬鹃通常独自生活，以森林中植物的果实、昆虫为食。雄性凤尾绿咬鹃的尾羽出奇的美丽醒目，能帮它引起雌性的注意。

凤尾绿咬鹃
（ *Pharomachrus mocinno* ）
体长：40厘米

雄鸟每逢繁殖季节都会长出新的尾羽，长度达60厘米。

图例

- 黑剪嘴鸥
- 油鸱
- 发冠拟椋鸟
- 日鸱
- 肉垂钟伞鸟
- 波多黎各短尾鸱
- 凤尾绿咬鹃

油鸱长着一双敏锐的大眼睛，夜间也看得清楚。

北　美　洲

落基山脉
马德雷山脉

阿肯色河
雷德河
密西西比河

墨西哥湾

巴哈马群岛
古巴岛
大安的列斯群岛
牙买加岛
伊斯帕尼奥拉岛
波多黎各
小安的列斯群岛

大　西　洋
加勒比海

油鸱的腿和脚小而无力。

油鸱
（ *Steatornis caripensis* ）
体长：49厘米

中　美　洲
巴拿马湾
太　平　洋

安第斯山脉
奥里诺科河
内格罗
南　美　洲

0　200　400　600千米

油鸱

油鸱的幼雏在孵出约4个月以后才会飞，所以长得特别肥。人们过去常常用它的肥肉来熬油，它的名字就是由此而来。油鸱生活在黑暗的洞穴中。它会发出咔嗒咔嗒的声音，这种声音会从洞穴的墙壁和其他物体上反射回来，油鸱就借着反射时间的长短测出物体的距离。夜晚，它会飞出洞穴去吃含有油脂的果实。它异常敏锐的嗅觉与视觉，让它很容易就能找到食物。

每个巢至少长达1米，一个个挂在树枝上。

发冠拟椋鸟

发冠拟椋鸟成群生活在一起，巢也筑在一起。有时候在一棵树上就能发现100个巢。这或许有助于保护它们的蛋和幼鸟不受敌人的侵害，因为遇到危险时，它们能相互通报信息。雄鸟求偶的表演方式非常引人注目：它会发出一连串响亮的咯咯声，同时拍打翅膀，并把身子前倾到几乎要从栖木上摔下的程度。

发冠拟椋鸟
（ Psarocolius decumanus ）
体长：48厘米

肉垂钟伞鸟的喙可以张得很大，以便吞下巨大的植物果实。

肉垂沿着喙背和嘴边垂了下来。

肉垂钟伞鸟
（ Procnias tricarunculatus ）
体长：30厘米

肉垂钟伞鸟

雄性肉垂钟伞鸟可能是所有鸟类中叫得最响亮的一种，它会发出如爆破般的"砰砰"声来求偶，这种叫声在距离1千米远的地方都听得到。雌鸟负责筑巢和照顾幼鸟，它的羽色黯淡，这样在孵蛋时才不易被敌人发现。

波多黎各短尾鸫栖息在树上时会不停地转动脑袋。

波多黎各短尾鸫的喙又长又直，便于叼住昆虫。

波多黎各短尾鸫
（ Todus mexicanus ）
体长：12厘米

波多黎各短尾鸫

短尾鸫生活在林地和森林中，它捕食昆虫时总是从栖息处猛然飞扑而下。它在飞翔时，翅膀会发出呼呼的声音。在繁殖季节，短尾鸫像它的近亲白腹鱼狗一样，会用喙在岸边凿出小洞做巢。除了波多黎各短尾鸫之外，在加勒比地区还有4种鸫。

日鸦

日鸦在求偶时会将双翼展开，以炫耀它羽毛上橙色和黄色的花斑。日鸦的羽翼看上去很像落日时天空的色彩，它的名字便是由此而来。日鸦羽毛上斑驳的颜色与背景相仿，能使它在沿着林地的小溪两岸觅食时，不易被敌人发现。它用又长又尖的喙捕捉鱼、昆虫、青蛙等猎物。

日鸦
（ Eurypyga helias ）
体长：48厘米

日鸦在求偶时，会将双翼展开，炫耀羽色。

黑剪嘴鸥
（ Rynchops niger ）
体长：46厘米

黑剪嘴鸥

黑剪嘴鸥的喙长得很奇怪。它的下喙比上喙长1/3。在觅食时，它会贴近浅水水面飞行，同时张开喙，在水中画出一道水纹。当它的喙碰触到小鱼或甲壳类动物时，上喙就会像剪刀一样猛然合上，把猎物夹住。

繁茂的丛林植物是中美洲热带雨林的特色。

亚马孙河

塔帕若斯河

南美洲

亚马孙雨林

　　亚马孙雨林西接安第斯山脉，东抵大西洋，是地球上最大的热带雨林区。全世界有1/5的鸟类生活在这里，这主要是因为该地区的降雨量、土壤和陆地高度的差异，为鸟类提供了各式各样的栖息地。在雨林的树冠层、中层和低层等不同高度上，分别生存着各种不同的鸟类，就像生活在同一栋公寓里的人们一样。树上每个高度获得的日照量不同，提供的食物种类也不一样。巨嘴鸟之类的鸟生活在顶层的树冠里，金刚鹦鹉和鹟䴕一类的鸟生活在中层，而体形较大的鸟类，则生活在铺满落叶的森林地面上。

金刚鹦鹉

　　太阳刚刚升起时，金刚鹦鹉就开始在林中飞来飞去，寻找食物。它在飞行时会不停发出沙哑的咯咯声，但在进食时便会安静下来。金刚鹦鹉的脚趾两个朝前，两个朝后，所以它能稳稳地抓住食物，送到口中。

金刚鹦鹉的喙非常有力，能啄碎最硬的种子和坚果。

金刚鹦鹉
（ *Ara macao* ）
体长：89厘米

金刚鹦鹉的腿很短，有助于保持平衡。

红嘴巨嘴鸟

　　红嘴巨嘴鸟有个长喙，能摘到高悬在树冠中的浆果或种子。它的喙的边缘呈锯齿状，能像锯子一样把植物果实切开。它也吃昆虫、蜘蛛和小鸟。如果红嘴巨嘴鸟的喙真的如外表那样重，它就抬不起头了。实际上，它的喙是空心的，非常轻。红嘴巨嘴鸟色彩鲜艳的喙，是它们用来辨识彼此的方法之一。

红嘴巨嘴鸟
（ *Ramphastos tucanus* ）
体长：58厘米

圭亚那动冠伞鸟

　　在求偶期间，雄性圭亚那动冠伞鸟为了吸引雌鸟，会在森林地面上进行精彩的表演。每次表演最多会有25只雄性圭亚那动冠伞鸟聚在一起，同时展示各自的魅力，而且每只都有自己的领地。它们会不停地跳动、来回摇晃脑袋，嘴巴不断张合，发出响声，还不时拍打和展开羽毛以自我炫耀。

圭亚那动冠伞鸟
（ *Rupicola rupicola* ）
体长：32厘米

雌鸟长有褐色羽毛作为保护色，与雄鸟长得很不一样。

雄鸟在求偶表演时，会将羽毛向前展开，几乎盖住了它的喙。

雄鸟在森林的空地展现它艳丽的羽毛。

奥里诺科河

大 西 洋

亚 马 孙 雨 林

内格罗河

亚马孙河

南 美 洲

0　200　400　600千米

安第斯山脉

太平洋

的的喀喀湖

角雕		白羽蚁鸟	
棕胸铜色蜂鸟		金刚鹦鹉	
麝雉		圭亚那动冠伞鸟	
红嘴巨嘴鸟			

雨林中的鸟类通常长有鲜艳的羽毛，但在树叶和日斑驳的背景中，倒很不容易看到它们。

有力的钩形喙用来
撕扯猎物的肉。

角雕

巨大而可怕的角雕在树梢间飞来飞去，以寻觅猎物。它的飞行速度高达80千米每小时。角雕身上长着斑驳的灰色羽毛，使它能隐藏在树叶中不易被发现，且便于接近猎物。角雕会在树的高处用树枝筑巢。

红嘴巨嘴鸟两趾朝前，两趾朝后，能把东西抓得很紧。

红嘴巨嘴鸟成群地生活在一起，还常常一起嬉戏。它们会用喙打来打去，或相互抛掷植物果实，就像我们玩抛球一样。

爪子又大又尖，能够抓住并压制猎物。

角雕在雨林里追逐卷尾猴、负鼠、长鼻浣熊等小型哺乳动物。

白羽蚁鸟

尽管它叫白羽蚁鸟，但它并不吃蚂蚁。它只会跟随行军蚁，捕捉试图逃离行军蚁掌控的蜘蛛和昆虫。白羽蚁鸟通常会冲到地上或悬吊在树枝上搜取猎物。但它有时也会把尾巴翘得高高的，在蚁群中跳来跳去。它的腿很长，因此身体不会遭到蚂蚁叮咬。

角雕
（ *Harpia harpyja* ）
体长：100厘米

棕胸铜色蜂鸟

棕胸铜色蜂鸟因它身体的颜色而得名。在特殊情况下，它的翅膀每秒钟可拍打100次以上。棕胸铜色蜂鸟长长的弧形喙，能够伸到花心吃甜甜的花蜜。它的舌头能够卷成像吸管一样，通过这支"吸管"，它就能吸吮花蜜。花蜜很容易消化，能立即转为能量，以供棕胸铜色蜂鸟挥动翅膀并保持体温。

棕胸铜色蜂鸟
（ *Glaucis hirsutus* ）
体长：12厘米

麝雉

麝雉的翅膀软弱无力。在遭水淹没的雨林地带，经常可以见到麝雉笨拙地拍打着翅膀，飞过寂静的河岸。它的脚也不是十分有力，所以它需要借助翅膀和尾巴来帮它爬过树丛。麝雉通常都成群地活动和筑巢，它们用细树枝在水边搭巢。幼鸟在孵出不久之后便离开鸟巢，当遇到危险时就会跳入水中，逃之夭夭。麝雉主要以叶子为食，有多个胃，能够像牛一样消化食物。

白羽蚁鸟
（ *Pithys albifrons* ）
体长：12.5厘米

白羽蚁鸟常常会栖息在一棵小树上，等待蚂蚁的出现。

麝雉
（ *Opisthocomus hoazin* ）
体长：70厘米

在森林的地面上，到处是成群结队的行军蚁。

在小麝雉翅膀的弯曲处长着两个小爪子，可以帮助它抓东西和攀爬。

安第斯山脉

安第斯山脉贯穿南美洲西部海岸，是世界上最长的山脉。其陡峭的山坡形成鸟类以逾越的屏障，所以，山脉东面与西面的鸟种类完全不同。安第斯山脉的植物生态在小范围内就有极大的变化，为鸟类提供了各式各样的栖息地。这些栖息地包括较低山坡上的雨林和较高山地上比较干燥的森林和草原，还有峰顶严寒冷峭的荒野。在较高的山坡上，气候极为寒冷，因此有些峰鸟在夜间会变得迟钝，降低体温，进入深度睡眠状态：它们会减缓体内的新陈代谢，以减少能量消耗。

安第斯神鹫

这种巨型兀鹫是世界上最大的猛禽，重达14千克。它能借着展开的双翼翱翔很长的一段距离，有时甚至能飞到离地7000米的高空上。它的视力十分敏锐，在高空就能看着到可用的动物尸体，有时它也吃生病或受伤的动物。有一些安第斯神鹫会袭击海岸上的海鸟群，并食食蛋和小鸟。

安第斯神鹫
(Vultur gryphus)
体长：130厘米
翼展：320厘米

兀鹫的翼展可能比任何陆鸟都要长。

光秃秃的脑袋使兀鹫把头伸到死动物的尸体中吃食时，也不会把羽毛弄脏。

剑嘴蜂鸟

这种鸟的喙十分奇特，能伸到喇叭形花朵中吸取花蜜和昆虫，寻觅食物。这样一来花朵就会沾在它的羽毛上。随后，它又将这些花粉带给其他花朵，为这些植物完成了授粉的程序。安第斯山脉有一半以上的花是通过蜂鸟，而不是通过昆虫来传授花粉的。

剑嘴蜂鸟
(Ensifera ensifera)
体长：7.5厘米
喙长：10.5厘米

湍鸭

安第斯山脉中湍急的河流与小溪是湍鸭的家乡。它锋利的爪趾和有力的脚能抓住光滑的岩石，而它坚硬的尾巴则能在水中保持平衡，把握方向。湍鸭会潜到水中去捕捉昆虫之类的食物，也会吃水面上漂过来的食物。小鸭刚孵出来，就能与亲鸟一同游水。

湍鸭
(Merganetta armata)
体长：46厘米

湍鸭流线型的体形，使它能够在水下快速游动。

剑嘴蜂鸟的喙很长，全鸟都能挂在钟形植物的花蕊中。

剑嘴蜂鸟，能吸喇叭形花朵的花蜜。

湍鸭　安第斯神鹫　南美凤头卡拉鹰　穴小鸮
剑嘴蜂鸟　棕灶鸟　大美洲鸵

在安第斯山脉较低的山坡地，是一片笼罩在迷雾中的茂密雨林。

加勒比海　南美洲　安第斯山脉　圣弗朗斯科河　马代拉河

大美洲鸵

大美洲鸵长得很像非洲鸵鸟，不同的是，它长有三个脚趾，而不是两个脚趾。它不会飞，但跑起来比马还要快，它的速度每小时可达50千米。在繁殖季节，雄鸟会为争夺领地及配偶和对手打斗一番。一只雄鸟的巢中会有数只雌鸟下蛋，因为雄鸟负责照顾蛋和小鸟。

大美洲鸵
（Rhea americana）
体长：140厘米
体高：150厘米

——大美洲鸵的脚上长有3个带爪的脚趾，既可自卫，又能迅速奔跑。

南美凤头卡拉鹰

这种大小像鸡一样的猛禽属于隼科，但南美凤头卡拉鹰不会筑巢，不使用其他鸟弃置的巢。它们吃的食物种类也很多，如小型哺乳动物、鸟、鱼、蛙、昆虫和动物的死尸。它们常常与兀鹫一起啄食动物尸体。南美凤头卡拉鹰相当迟钝，而且很懒。但它的腿很长，遇到危险时能迅速逃开。

南美凤头卡拉鹰
（Caracara plancus）
体长：64厘米

——南美凤头卡拉鹰的腿很长，必要时可以跑得很快。

穴小鸮

穴小鸮与大部分鸮不一样，经常在白天活动。它们住在动物遗弃的泥洞中，并长时间待在洞口，一旦受到惊扰，它们就会上下跳动，并发出喵喵喵的叫声。穴小鸮凭着它的长腿，能够在草地上迅速奔跑以捕捉食物。它们通常以昆虫和小爬行动物为食。

穴小鸮
（Athene cunicularia）
体长：26厘米

——穴小鸮以兔或其他动物挖的洞为巢，但它自己也会挖洞。

潘帕斯草原

潘帕斯草原位于南美洲的东南角。这里的气候普遍干燥，夏季炎热，冬季寒冷。闪电常会使干草着火，农民也会点火烧草，以促使草地发出新芽。所以，这里的许多鸟类都在地下筑巢，以躲避大火和人类的侵害。潘帕斯草原上的大牧场破坏了当地自然环境，只有那些能够适应人类骚扰的鸟类才能够生存下来，例如棕灶鸟。其他鸟类不是已经灭绝，就是数量锐减。如今在潘帕斯草原上，已经很难再看到大群的大美洲鸵了。

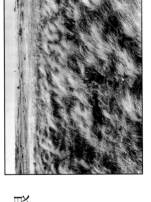

广阔无树的潘帕斯草原上很少有鸟类的藏身处，所以它们的多半把巢筑在岩石旁或地底下。

棕灶鸟

棕灶鸟的泥窝很像老式的炉灶，所以有这个名字。棕灶鸟的窝有两个足球那么大，每筑一个窝都得花上好几个月。但它还是会每年筑一个新窝，总是把脚抬得高高的，阔步走在空旷的地面上。它会用有力的喙捕捉蚯蚓和幼虫吃。

棕灶鸟
（Furnarius rufus）
体长：19厘米

棕灶鸟的窝由数千个泥团围成，用稻草加固，并在阳光下烤得十分坚硬。

安第斯山脉
太平洋
的的喀喀湖
巴拉那河
乌拉圭河
潘帕斯草原

加拉帕戈斯群岛

　　加拉帕戈斯群岛孤立于南美洲西海岸外的太平洋中，其地形地貌是世界上独一无二的。几百万年前，巨大的火山群从此地的海床升起，火山山顶露出海面后，这些岛屿形成了。在群岛上干燥的仙人掌灌木丛中以及嶙峋的火山岩石上，鸟类多得出奇，其中有许多种类是该群岛所独有的。加拉帕戈斯群岛上的鸟类生态之所以如此独特，主要原因有两个：第一，这些岛屿距离南美大陆非常遥远，只有少数鸟类能到达这里，由于在这里几乎不需要争夺食物和筑巢地，这些鸟便逐渐演化成各种鸟类；第二，由于太平洋的温暖洋流和南极的冰冷海水都会流经这些岛屿，因此通常在寒冷地区才能看到的鸟类，如企鹅和信天翁，以及热带鸟类，如红鹳和军舰鸟，都可以在这里生活。

马切纳岛

0　10　20　30千米

加拉帕戈斯群岛

圣萨尔瓦多岛

费尔南迪纳岛

就体形而言，军舰鸟的翼展是所有鸟中最长的。

弱翅鸬鹚的小翅膀只有25厘米长。

伊莎贝拉岛

太平洋

弱翅鸬鹚
（*Nannopterum harrisi*）
体长：100厘米

达尔文雀家族

　　加拉帕戈斯群岛上共有18种长得很像的雀鸟，因为它们可能起源于同一种鸟。但是，每种雀鸟的喙长得都不同，吃的食物也不一样。英国自然学家查尔斯·达尔文曾经对这些鸟类进行过研究，后来据此提出了进化论。这个理论解释了动植物为了适应特定的栖息地，是如何一代一代逐步进化的。

查尔斯·达尔文
1809—1882

加岛灰莺雀
（*Certhidea fusca*）
　　长着纤细的尖喙，能捕捉小昆虫。

小嘴树雀
（*Geospiza parvula*）
　　小嘴树雀的喙较厚，能吃植物果实、花苞、种子和昆虫。

大嘴地雀
（*Geospiza magnirostris*）
　　大嘴地雀长着有力的大喙，能咬碎种子。

拟鸫树雀
（*Geospiza pallida*）
　　这是少数能制造和使用工具的鸟类。它会用细枝探寻树皮下的昆虫幼虫，逗它们出来。

弱翅鸬鹚

　　弱翅鸬鹚用它参差不齐的小翅膀在陆地上保持身体平衡，并为幼鸟遮挡毒辣的阳光。但是它的翅膀太软弱了，不能用来飞翔或游水。由于它没有需要躲避的天敌，而且能够在海岸附近获得所需的食物，所以它已经丧失了飞翔的能力。它是现在唯一存活但不会飞的鸬鹚，因此很容易被人类捕获，现在它的数量已经十分稀少了。如今，这种弱翅鸬鹚已经被列为保护动物。

弱翅鸬鹚在靠近大海的岩石上筑巢。

加岛企鹅

　　由于秘鲁寒流冰冷的海水流经了加拉帕戈斯群岛，这种珍稀的企鹅才能够生活在离赤道很近的地方。它以鱼为食，小群聚居，在石头筑成的巢穴、山洞或土洞中下蛋。就像所有企鹅一样，加岛企鹅双脚带蹼，翅膀像鳍一样，身体呈流线型，使它善于在水下快速游动。但它在陆地上却很笨拙，总是摇摇晃晃地从一块岩石跳到另一块岩石上，还伸开它小小的鳍以保持身体平衡。加岛企鹅在跳下水时，脚会先入水。

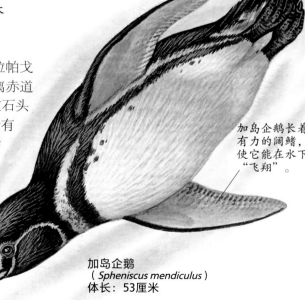

加岛企鹅长着有力的阔鳍，使它能在水下"飞翔"。

加岛企鹅
（*Spheniscus mendiculus*）
体长：53厘米

华丽军舰鸟

华丽军舰鸟凭借巨大的翅膀在岛屿上空翱翔。它吃海龟、水母和海鸟的幼雏，也会掠过海面，用钩形喙从水中捉鱼。它还会追逐其他鸟类，如鲣鸟，迫使其丢下携带的食物，然后它再来个急转弯，在半空中叼住落下的食物。华丽军舰鸟是以一种海盗船来命名的，因为它就像海盗一样掠夺其他鸟类的食物，后来这种海盗船被延伸含义，也可指军舰。为了吸引配偶，雄性华丽军舰鸟会把它的红色喉囊吹得鼓鼓的。

华丽军舰鸟
（ *Fregata magnificens* ）
体长：110厘米
翼展：243厘米

圣克鲁斯岛

弱翅鸬鹚　加岛信天翁
加岛企鹅　加岛哀鸽
蓝脚鲣鸟　华丽军舰鸟
加岛灰莺雀　拟䴕树雀
小嘴树雀　大嘴地雀

玛利亚岛

加拉帕戈斯群岛由位于太平洋中的火山喷发形成，大部分地区都布满了崎岖的黑色火山岩。

蓝脚鲣鸟

这种鸟以小群分散筑巢。和其他种鲣鸟不同的是，它们在海岸附近觅食，与其他种类的鲣鸟间并没有争夺食物的问题。由于能就近得到充足的食物，蓝脚鲣鸟一年能哺育两三只小鸟，其他种类的鲣鸟则只能养活一只小鸟。小鲣鸟以亲鸟吐出的鱼为食。鲣鸟的英文名称来自西班牙语中的"小丑"，因为它求偶时会做出滑稽的动作。

加岛哀鸽

在求偶期间，雄性加岛哀鸽会趾高气扬地围着雌鸟转，又是鞠躬，又是伸展尾巴，还把翅膀垂下，并且把身上的羽毛弄得非常蓬松，以显得更加魁梧。雌鸟通常在岩石下杂乱简陋的草窝中下蛋。

雄鸟

加岛哀鸽
（ *Zenaida galapagoensis* ）
体长：23厘米

雌鸟

圣克里斯托瓦尔岛

加岛信天翁在求偶期间会将有力的喙笔直地指向天空，并像母牛一样哞哞地叫。

加岛信天翁

这种鸟只在加拉帕戈斯群岛的火山悬崖上筑巢，谁也不知道为什么。加岛信天翁和所有的信天翁一样，在求偶时会跳一段复杂的舞蹈：雄鸟和雌鸟面对面做各种固定动作，例如用下喙不停叩击上喙，用身体彼此蹭来蹭去，把喙指向天空，用喙绕着配偶的喙转圈圈等。它们发出的声音非常响亮。

加岛信天翁
（ *Phoebastria irrorata* ）
体长：93厘米

西班牙岛

蓝脚鲣鸟长长的尖喙，便于在水中捉鱼。

蓝脚鲣鸟
（ *Sula nebouxii* ）
体长：84厘米

为了给配偶留下深刻的印象，鲣鸟一面走来走去，一面抬起亮蓝色的脚掌炫耀展示。

25

欧洲

　　在过去的100万年中，小小的欧洲大陆至少被冰层覆盖过4次。北欧的气候至今还十分寒冷，使得该区的许多鸟类不得不迁徙到温暖的南方过冬。

　　欧洲的鸟种并不多，一是因为北方的气候寒冷；二是因为欧洲的人口众多，甚至比北美洲的人口还多。自古以来，人们在此砍伐森林、污染土地和水源，并且恣意猎捕鸟类。那些无法适应在城市、公园或庭院中生存的鸟类，已经被赶到偏远地区，例如山区、荒地和沼泽地。不过，在欧洲沿海的栖息地上，却拥有丰富的鸟类生态。例如那些从北极地区迁来的水鸟和涉禽，港湾地区为它们提供了重要的觅食和休息之地，而海边的悬崖峭壁则吸引了成群筑巢的海鸟以此为家，如鲣鸟、海鸽、海鹦和刀嘴海雀等。

冰层覆盖下的欧洲

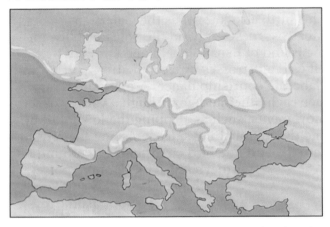

这幅地图显示了11 000年前，欧洲最近一次冰期末期时，冰原覆盖的面积。

　　地球的演化史上曾出现过数次冰封雪冻的冰期，每次都持续了数千年。每逢冰期来临，地球表面就会被冰原和冰川覆盖。在过去的90万年间，大约有10次大冰期。最近一次大冰期大约发生在18 000年前，北极巨大的冰原曾一度蔓延开来，覆盖了欧洲的大部分地区，这时有一部分鸟类灭绝了，其他鸟类则迁徙到较温暖的南方。大约到了11 000年前，气候再度变暖，冰原逐渐融化，有些鸟类又迁回了北方。

气候与地貌

　　欧洲的气候十分多样：北部地区寒冷，且多雨多雪，例如不列颠群岛和斯堪的纳维亚半岛；南部的地中海地区炎热而干燥，例如意大利和希腊；中部地区则气候温和，温暖潮湿。墨西哥湾暖流从加勒比海流经欧洲西海岸，使得西海岸冬季的气候不至于那么恶劣。欧洲地貌中的漫长山脉，例如阿尔卑斯山脉和比利牛斯山脉，使鸟类无法自由地南来北往。

欧洲鸟类奇观

戴菊
（ *Regulus regulus* ）

最小的鸟
　　戴菊和它的亲戚普通火冠戴菊是欧洲最小的鸟。

飞得最快的鸟
　　游隼是世界上飞得最快的鸟，当它从高空猛扑下来追逐猎物时，速度可达180千米每小时。

变化最多的蛋
　　海鸽蛋的颜色和花纹变化，比其他任何鸟类都多。这表示即使在窝巢拥挤的峭壁突岩上，海鸽也能借着蛋的花色认出自己的蛋。

大长腿
　　黑翅长脚鹬的腿的长度仅次于大红鹳，这与它的身体长度有关。所以，黑翅长脚鹬可以在非常深的水中捕食。

产蛋最多
　　雌性灰山鹑一次产蛋可达15至19枚。它之所以产蛋多，是因为幼鸟成活率低。

惊人的声音模仿者
　　湿地苇莺是学鸟叫的世界冠军。它能模仿200多种鸟的叫声。

耐力最强的鸟
　　常见的雨燕在空中的时间比其他任何陆地鸟类都要长久。它可以在2000米高的空中待着，睡觉、进食和喝水时也在飞翔。

雨燕
（ *Apus apus* ）

许多人在阳光充足的地中海地区生活和耕作，并种植橄榄树一类的作物。这意味着鸟类生活的地方愈来愈少了。

格
陵
兰
岛
　冰岛
北　海
不列颠群岛
莱茵河
多瑙河
卢瓦尔河
阿尔卑斯山
大
西
比利牛斯山脉
科西嘉岛
撒丁岛
杜罗河
瓜达尔基维尔河
地
中
洋
海
阿　特　拉　斯　山　脉
北　非

欧洲概况

最长的海岸线
　　就欧洲的面积来看，其海岸线的相对长度比其他任何大陆都要长。挪威的海岸线呈锯齿状，有陡峭的山谷，称为峡湾（上图），峡湾是在最近一次冰期由厚厚的冰川切入峭壁形成的。

鸟类的数量
　　欧洲已发现的鸟类有800多种，其中大约有430种是常见的。

最长的冰川
　　阿尔卑斯山脉中最长的冰川是阿莱奇冰川，长度超过24千米。

人口众多
　　欧洲土地只占世界陆地面积的7%，但它的人口却占世界人口的10%，大约7.6亿人。

主要的山脉
　　勃朗峰高4807米，是西欧最高的山峰，它是阿尔卑斯山脉的一部分。阿尔卑斯山脉逶迤1100千米。

火山爆发
　　欧洲大陆唯一的活火山是意大利的维苏威火山。它在1万年前开始有爆发的记录，在公元79年掩埋了庞贝和斯塔比伊两座城市。

最长的河流
　　欧洲最长的几条河流：
伏尔加河—3692千米；
多瑙河—2850千米；
第聂伯河—2200千米。

最大的内陆海
　　地中海是世上最大的内陆海。

典型的鸟类

　　这里介绍的是来自欧洲最重要栖息地的典型鸟类。这些栖息地包括北部阴暗的针叶林、针叶林南面比较开阔的阔叶林以及地中海沿岸干燥的灌木丛带。河流、湖泊、沼泽地和海岸也是欧洲鸟类主要的栖息地。

海岸
　　在春夏两季，海鹦（左图）、海鸽、鲣鸟、燕鸥等海鸟会在欧洲海岸的峭壁、海滩和岛屿上，密密麻麻地成群筑巢。

沼泽
　　夏季时，灰背隼（左图）会在欧洲的沼泽筑巢。到了冬季，它们就迁徙到有更多食物的沼泽或海岸地区。

山脉
　　对逃离城镇和农地的鸟类来说，山脉提供了最佳的避难所，例如山鸦（左图）、金雕和兀鹫就生活在那里。

地中海灌木丛带
　　夏季时，地中海灌木丛带里种类繁多的昆虫吸引了许多以昆虫为食的鸟类，如戴胜（左图）、佛法僧、伯劳和蜂鹰。其中许多鸟在冬季迁徙到非洲。

乡镇和城市
　　有些鸟类已经适应了城市环境，例如鸽子（左图）、椋鸟、雀和隼。鸽子会在高楼的窗台上筑巢，仿佛把高楼当成了海边的峭壁。

港湾和滩地
　　冬季时，红脚鹬（右图）、塍鹬、滨鹬和杓鹬等涉禽成群地聚集在港湾和滩地，吃泥沙中的生物。

森林和林地
　　林柳莺（左图），和鸫、松鸦、啄木鸟、鸥鸦以及山雀等鸟类，在欧洲现存的森林中和林地上经常可见。

欧　洲
乌拉尔山脉
亚　洲
喀尔巴阡山脉
第聂伯河
顿河
伏尔加河
高加索山脉
多瑙河
黑　海
里
死海
海
塞浦路斯岛
底格里斯河
幼发拉底河
地　中　海

森林与林地

欧洲北部有常绿森林，往南有阔叶林地，这些森林为鸟类提供了优质的栖息地：树干和树枝为鸟类提供安全的筑巢之处，树叶、坚果和浆果是鸟类爱吃的东西，树上和林地上的昆虫和小生物也是鸟类常吃的食物。欧洲北部的森林普遍比南部的森林阴暗且寒冷，所以在南部的森林中有更多食物和筑巢地可供选择。不幸的是，由于人类制造的污染和开垦土地以兴建房屋、农场等问题，使得欧洲许多森林面临着生存上的威胁。

生活在欧洲森林和林地中的鸟类，必须随着季节的转换而调整其习性：它们通常在春夏两季筑巢和生儿育女；秋季时尽量多吃食物，以积累体内的脂肪；冬季则飞到南方较暖和的地方，或留在原来的森林中四处游走以寻觅食物。

松鸦

人们在阔叶林地中常听到松鸦沙哑的叫声，特别是在春季。因为这时正值鸟类求偶期，它们会在树丛中吵闹地互相追逐和炫耀表演。松鸦以橡子为食，它们常常把橡子叼到很远的地方，然后埋在地下，准备留到冬季再吃，那些它们没有吃掉的橡子便长成新的橡树。松鸦的这种生活习性有助于林地面积的扩大。松鸦也吃其他坚果、浆果、蚯蚓、蜘蛛以及其他鸟类的蛋和幼鸟。

松鸦的羽冠常常直竖着，因此它的脑袋看起来像是方形的。

松鸦
（*Garrulus glandarius*）
体长：37厘米

雀鹰

身手灵活、飞行快速的雀鹰常常会向青山雀等小型鸟类展开迅猛的突袭，使得这些小鸟难逃它的利爪。雀鹰在吃猎物之前会把鸟毛拔掉。雌性雀鹰则从雄性雀鹰抓到的猎物上撕下肉来喂养幼鹰。

雌性雀鹰的体形比雄性大，身体下方长着灰色条纹。

雀鹰长着圆圆短短的翅膀，能在树林间翻飞扭转。

青山雀

雀鹰
（*Accipiter nisus*）
体长：40厘米

交嘴雀在针叶林高高的树顶上筑巢和觅食。它们吃松球里的种子，很少冒险飞到地面上来。

大　西　洋

北　海

欧　洲

不列颠群岛

波罗的海

易北河

维斯瓦河

奥得河

英吉利海峡

莱茵河

卢瓦尔河

罗讷河

阿尔卑斯山脉

喀尔巴阡山脉

地中海

乌林鸮		雀鹰	
太平鸟		松鸦	
绿啄木鸟		银喉长尾山雀	
松鸡			

0　100　200　300千米

银喉长尾山雀的尾巴比身体还要长。

乌林鸮

乌林鸮脸上一圈圈的羽毛有点像雷达盘，具有收集声音的作用。

乌林鸮体形巨大，听觉敏锐得令人难以置信，这使它能轻易发现森林地面上的田鼠。即使在深雪覆盖的冬季，它也能听到田鼠在洞中跑动的声音。乌林鸮保卫巢穴时非常凶猛，如果有人走得太近，它也会袭击人类。小鸮在孵化出壳三四个星期后便离开巢穴，但它们需要花上一星期，或更长的时间来学习飞翔。

乌林鸮
（ *Strix nebulosa* ）
体长：67厘米
翼展：150厘米

银喉长尾山雀

银喉长尾山雀的个子很小，总是成群地飞来飞去，它们以昆虫、蜘蛛和种子为食。春季时，它们会用苔藓、网状物和动物毛发筑成精致的鸟巢，里面还铺着数千根羽毛以保持幼鸟的温暖。它们筑的巢很小，成鸟必须把尾巴折弯到头上才进得去。

银喉长尾山雀
（ *Aegithalos caudatus* ）
体长：16厘米

雄性松鸡在求偶期间会把尾巴展开，把喙昂向空中，还会把颈部的羽毛弄得蓬蓬松松的。

奥涅加湖

伏尔加河

松鸡的脚趾上长着像梳子般的毛边，使它在雪地上行走时不会陷进去。

松鸡
（ *Tetrao urogallus* ）
体长：雄性115厘米
雌性64厘米

松鸡

这种鸟生活在针叶林中，冬季时以松子和针状叶为食，夏季时以叶片、叶梗和浆果为食。松鸡在森林地面上筑巢。雄鸟在求偶表演时，会用一种特别的叫声向情敌发出挑战，最后发出一种短促爆裂的咯咯叫声，就像拔出瓶塞后把酒倒出来的声音。

太平鸟的翅膀上长着像封蜡一般的红色小斑点。

太平鸟
（ *Bombycilla garrulus* ）
体长：23厘米

雄鸟的髭纹是红黑两色，雌鸟则是全黑。

绿啄木鸟
（ *Picus viridis* ）
体长：33厘米

绿啄木鸟

绿啄木鸟的叫声很响亮，仿佛在大声嗥笑。它的喙很大，像匕首一样，专门用来刺探蚁家或啄树干，长长的舌头则用来舔食里面的昆虫。绿啄木鸟以昆虫为主食，但也吃植物果实和种子。在求偶期间，一对对绿啄木鸟会绕着树木盘旋。

绿啄木鸟会花很长的时间在地面上寻找蚂蚁。

山楂浆果是太平鸟最爱吃的食物。

太平鸟

这种鸟羽翼的尖端呈红色，看起来就像红色封蜡一样。太平鸟成群生活在一起，繁殖季节时会发出嘈杂响亮的叫声。在求偶期间，雄鸟和雌鸟会用喙来传送食物。它的食物主要是林地中的果实和浆果。

29

地中海

南欧和地中海沿岸地区的气候比北方更温暖干燥。最早在此自然生长的森林，大部分已经被人们砍伐一空，只剩下小片的常绿树林、多刺的灌木丛、杜鹃花科植物以及有香味的草本植物。在漫长炎热的夏季里，空中到处飞舞着发出嗡嗡声的昆虫，这些昆虫为莺、蜂虎、佛法僧和其他食虫鸟类提供了丰富的食物。大批往返于欧洲与非洲的迁徙鸟类，例如鹳、鸢和鹰，会经过地中海地区。地中海地区还有一些非常重要的沼泽自然保护区，其中包括法国的卡玛格湿地自然保护区以及西班牙南部的科托多尼亚纳国家公园。

佛法僧从栖息处猛扑下来，捕捉昆虫。

蓝胸佛法僧
（ Coracias garrulus ）
体长：32厘米

蓝胸佛法僧

雄性蓝胸佛法僧在求偶表演时会飞得高高的，然后俯冲下来，一面在空中左右摇摆，一面不断翻滚。它主要以昆虫为食，但也会捕捉蜥蜴、蜗牛、青蛙和其他鸟类。到了秋季，它便南迁到非洲去。

金黄鹂

金黄鹂
（ Oriolus oriolus ）
体长：25厘米

雄鸟羽色艳丽，能够吸引羽色黯淡的雌鸟。

金黄鹂的窝是用草编成的，像吊床一样悬在树枝的枝杈上。这是一种很害羞的鸟，它大部分时间躲在高高的树梢上，啄食昆虫和植物果实。雌鸟会用它又尖又硬的喙叼着食物喂幼鸟。金黄鹂飞行速度很快，在求偶时，雄鸟会以极快的速度追着雌鸟飞行。

雌鸟负责筑巢和照料幼鸟。

戴胜

戴胜的叫声很大，听起来很像"胡—波—波"。它经常在地上行走和奔跑，还会用它弧形的细喙寻找蠕虫和昆虫。如果有猛禽飞临上空，成年的戴胜就会把翅膀和尾巴展开，平铺在地面上，并把喙指向天空，准备随时迎击敌人。当它兴奋时，头上的羽冠会竖立起来。

戴胜像蝴蝶般拍动着黑白相间的圆翅膀。

戴胜
（ Upupa epops ）
体长：32厘米

欧洲

喀尔巴阡山脉

阿尔卑斯山脉

罗讷河

加龙河

比利牛斯山脉

杜罗河

卡玛格

亚平宁山脉

黑海

多瑙河

撒丁岛

地中海

科托多尼亚纳国家公园

西西里岛

阿特拉斯山脉

北非

幼发拉底

	戴胜		白头鹎
	蓝胸佛法僧		金黄鹂
	琵嘴鸭		草鹭
	反嘴鹬		

0　250　500千米

卡玛格湿地自然保护区

卡玛格湿地自然保护区位于地中海沿岸，罗讷河的入海口附近，到处是咸水沼泽和浅湖。尽管湿地周围人群、房屋和工厂遍布，飞机还不时从上空掠过，但此地仍然有大批涉禽和水鸟居住，迁徙时路过的鸟儿更多。冬季时，数万只的天鹅、鸭子和雁从它们在北欧和西伯利亚的繁殖地飞到卡玛格。各种鸟类在不同地点觅食，吃不同的食物，分享可以利用的食物资源，例如：长脚鹬通常在浅水觅食，小白鹭和草鹭较喜欢在深水处找东西吃；鹭鸶类专门捉鱼吃，而琵鹭、红鹳和反嘴鹬喜欢吃小型的水中生物。

白头鹞
(*Circus aeruginosus*)
体长：54厘米

白头鹞把翅膀张成 V 字形，在沼泽地上空滑翔盘旋。

白头鹞

白头鹞经常在芦苇丛和草地上空滑翔或缓慢拍翅飞行，以寻找青蛙、鱼、小型哺乳动物、鸟和昆虫吃。雌鸟和幼鸟通常待在芦苇植物中的巢穴里。当雄鸟把食物带回巢穴时，雌鸟便飞到空中叼住食物。它们在求偶时也会这样传递食物。

雄性白头鹞和雌性白头鹞都是棕色的，但雌鸟有浅色的冠，成年雄鸟的翅膀则呈现出灰色。

草鹭尖利的喙便于它捕捉鱼和蛙。

草鹭

高高瘦瘦的草鹭有着长长的脚趾，能分散它的体重，让它能轻易地踏在漂浮的沼泽植物上，不至于陷下去。它的长腿使它能够涉入深水，并用匕首般的长喙捕捉水中的食物。草鹭通常小群聚居筑巢，每群数目可达20对。它的巢通常隐匿在浅水的芦苇和灯芯草之中。幼鸟孵出大约6个星期后便能离巢飞出。草鹭受到惊吓时会蹲在地上，把喙笔直地伸向空中。它的这种姿势，再加上其颈部的条纹，使天敌很难在芦苇中发现它。

草鹭
(*Ardea purpurea*)
体长：90厘米

草鹭很害羞，在平常难得一见，但它在起飞时会发出沙哑的叫声。

大红鹳以卡玛格浅水中的植物和小动物为食。地中海3/4的红鹳幼鸟都在这里孵化。

反嘴鹬

反嘴鹬会用它向上翘的尖喙在水中或软泥中扫来扫去，寻找蠕虫和小型水中生物。反嘴鹬喜欢在岛上筑巢，因为在岛上幼鸟不易遭到攻击。它们通常大群聚居筑巢，以便联合起来对付敌人。

琵嘴鸭
(*spatula clypeata*)
体长：56厘米

雄鸭的羽色比雌鸭更丰富。

雄鸭

琵嘴鸭

这种鸟因喙的形状而得名，在地中海度过冬天。琵嘴鸭在小的时候，喙并没有任何特别之处，但随着它一天天长大，喙便逐渐变形了。成年琵嘴鸭会把水吸入宽扁的喙中，然后再让水从两旁流出。它的喙的内缘长着像梳子一样的小细齿，当水从喙中流出时，水中的小浮游生物就会被拦截下来。

琵嘴鸭长着铁锹一样的大喙，可用来过滤水中的食物。

反嘴鹬
(*Recurvirostra avosetta*)
体长：45厘米

反嘴鹬长着长喙和长腿，方便它在深水中觅食。

沿海地区

欧洲不规则的海岸为海鸟提供了许多筑巢的地方。当夏季来临时，此地的峭壁突岩、峭壁顶的洞穴以及海滩和岛屿，便会吸引数百万只鸟儿前来繁衍后代。沿着海岸吹拂的微风，能辅助鸟儿起飞和着陆。尽管陡峭的岩壁对幼鸟来说十分危险，但敌人却也因此难以接近；再说"鸟"多势众，也会更加安全。海鸟会聚居在一起，每群多达数千只。它们不仅吵闹，而且气味难闻。不同的鸟类可以在同一块峭壁上筑巢，如海鸽、三趾鸥、鲣鸟和暴风海燕。它们也会把巢筑在不同高度，以分享狭小的生活空间。海鸟与陆鸟不同，它们不需要大片的陆地作为觅食区域或领地。它们主要在海上觅食，在陆地上只要有狭小的空间筑巢即可。

大黑背鸥有力的大翅膀，有助于滑翔和高飞。

强壮有力的腿利于奔跑，蹼足则利于游泳。

大黑背鸥
（ *Larus marinus* ）
体长：79厘米

大黑背鸥

大黑背鸥是一种凶猛的猎食者，以捕食各种猎物为生，鱼、海鸟和野兔都是它的美食。在夏季繁殖季节，它会袭击岸上的海鸟群，一口就能吞下一只幼鸟。其他时候，它就在内陆、渔港与海滩周围的垃圾场中搜寻残羹剩饭。

白额燕鸥

夏季时，白额燕鸥成群聚集在沙滩上，十分吵闹。天敌来临时，白额燕鸥群会联合起来发动俯冲攻击，把敌人赶走。小白额燕鸥必须学习在什么地方捉鱼最理想，并学会如何像成鸟那样头先尾后地潜入水中。最初它们可能老是肚子先着水，样子笨拙，不过它们很快就能学会了。不幸的是，由于人类活动的影响，这种白额燕鸥的数量已经大大减少了。

长而尖的翅膀能迅速上下拍动。

白额燕鸥飞行的姿态优美而敏捷，有时还会在水面上空盘旋。

白额燕鸥
（ *Sternula albifrons* ）
体长：28厘米

白额燕鸥长着尖利的喙，利于叼鱼。

崖海鸦

崖海鸦也叫作海鸽，它们长时间待在海上。崖海鸦在捉鱼时会潜到水中，快速拍打翅膀，并用脚掌控制方向。它只有在繁殖季节才会上岸，然后在峭壁突岩上紧密地成群聚集，有时甚至紧密到互相挤在一起。崖海鸦不筑巢，它只会在光秃秃的岩石上产下一枚蛋。这表示当一只崖海鸦到海上觅食时，另一只就要待在蛋和幼鸽的身边保护它们，为它们保暖。

暴风海燕

暴风海燕是欧洲最小的海鸟。它能够在水面上拍翅飞行，捕捉水中的小鱼和浮游生物。暴风海燕经常尾随船只，捡食船上扔下的残肴；遇到暴风雨时，它还会躲在船只附近。它们通常在孤岛上成群筑巢，因为它们的防卫能力比较差。

崖海鸦（ *Uria aalge* ）
体长：43厘米

崖海鸦的身体呈流线型，能在水中快速游动。

窄细的尖喙便于捉鱼。

暴风海燕在觅食时，双脚下垂前后摆动，好像在水面上走路一样。

细细的钩形喙

暴风海燕
（ *Hydrobates pelagicus* ）
体长：18厘米

大西洋鹱

黑夜里，当大西洋鹱返回它们的巢穴时会发出尖厉的鸣叫声，听起来非常吓人。它们会大群聚集在海岸附近，等待夜幕降临才返回陆地。它们这样做是为了躲避天敌袭击，特别是大黑背鸥。

硬直的翅膀使它能贴着水面滑翔。

大西洋鹱
（ Puffinus puffinus ）
全长：38厘米

不列颠群岛

北 海

英吉利海峡

大 西 洋

卢瓦尔河

加龙河

杜罗河

暴风海燕
北鲣鸟
崖海鸦
大西洋鹱
白额燕鸥
北极海鹦
大黑背鸥

波罗的海

易北河

莱茵河

"鸟"多势众

世界上95%以上的海鸟都是聚在一起筑巢的，如这些海鹦。由于敌人不太可能袭击数千只鸟聚居的鸟群，所以它们的鸟蛋和幼鸟便有更多的生存机会。鸟群在危险来临时会相互通报。有些鸟会飞离鸟巢攻击敌人，其他鸟则坐在巢中虚张声势地叫嚷着，把敌人赶跑。

鲣鸟通常大群聚居在一起繁殖后代，每群达到20万对以上。它们通常都忠于固定的配偶。

科西嘉岛

亚平宁山脉

撒丁岛

地 中 海

西西里岛

欧 洲

北极海鹦
（ Fratercula arctica ）
体长：36厘米

海鹦舌头带刺，且上喙边缘十分锐利，使它能一次叼住几十条小鱼。

北极海鹦在飞近陆地时会把蹼足张开，其作用和刹车一样，用来减慢飞行速度。

北鲣鸟
（ Morus bassanus ）

体长：100厘米

北鲣鸟的身体呈流线型，能像鱼雷一样潜入海中。

北鲣鸟

北鲣鸟在捉鱼时，常常会从很高的地方俯冲入海，景象十分壮观。它的头骨坚硬，经得住入水时产生的冲击；此外，它的鼻孔还可以在水下闭合。它用坚硬的喙捕捉猎物，例如鱼和鱿鱼，并将之拖到水面上来。在繁殖季节，北鲣鸟会聚在一起筑巢。幼鸟在集中大约待上14个星期之后，便可飞向大海。它们身上的羽色则要等上5至6年，才会变得和成鸟一样。

北极海鹦

北极海鹦靠捕食水下的鱼类为生，它长有带蹼的足和小翅膀，它的小翅膀可以当作鳍，帮助它在水中划游。在繁殖季节，北极海鹦的喙会长得更大、更有力，以吸引伴侣。它还会用喙在青草满地的峭壁顶上挖洞筑巢。小北极海鹦长出羽毛之后，便在夜幕掩护下离开洞穴，以避开天敌。

非洲

非洲是世界第二大洲，面积几乎有三个欧洲大，但是那里的人口数量却和欧洲的人口数量差不多。它曾经与其他大陆隔绝数百万年之久，所以当地的许多鸟类，例如非洲鸵鸟、鲸头鹳、蛇鹫、鼠鸟、绿林戴胜和盔鸼等，都是其他地区看不到的。

非洲是一块干燥的大陆，境内有大片的沙漠和干草原。所以，非洲有许多留鸟，特别是食谷的陆鸟。广袤的撒哈拉沙漠形成一片屏障，

使鸟类难以向南飞越非洲；不过，为了躲避欧洲的冬天，每年还是有数十亿只鸟儿穿越这里。由于气候的变化和干旱期的延长，这片沙漠正在逐渐扩大。同时，因为人们在沙漠边缘地区过度放牧，破坏了植物生态，也造成绿地面积的缩小和沙漠面积的扩大。

此外，人类砍伐森林，汲干沼泽与湿地、建造农场与城市的行为，也使非洲丰富多样的鸟类生态受到威胁。

气候与地貌

非洲大部分地区的气候十分炎热，雨量极为稀少，特别是北部的撒哈拉沙漠以及西南部的纳米布沙漠和卡拉哈迪沙漠。非洲最湿润的地区在中部地区的赤道附近。非洲大陆和其他大陆不一样，它境内的山脉很少，仅有一些平坦的高原。非洲内陆的高原有时会被山峰阻断，例如东非坦桑尼亚的乞力马扎罗山。

移动中的非洲大陆

非洲大陆大部分是一直处于今天的位置，它就像其他大陆一样，会随着地表或地壳的运动，绕着地球漂移。非洲曾经与其他大陆连接在一起，但经过数百万年以后逐渐漂开了。非洲的鸟类由于与其他大陆的鸟类隔绝很久，因而进化出了许多独特的种类。

大约在1.3亿年前，非洲大陆开始脱离其他陆块，成为独立的陆块。当时，马达加斯加岛也随之与非洲大陆相连。后来它脱离了非洲大陆，成为独立的岛屿，所以这里进化出来的鸟类与非洲大陆的鸟类截然不同。

在过去一亿年中，非洲大陆漂向欧洲，最后移到今天的位置。

非洲鸟类奇观

红嘴奎利亚雀（*Quelea quelea*）

最常见的鸟
世界上数量最多的鸟类是红嘴奎利亚雀。这种鸟总是成群觅食，每群多达数百万只，聚集的鸟类可能多达一千万个。

脚趾最长的鸟
长脚雉鸻的脚趾比其他任何鸟都长，达到18厘米。

飞得最高的鸟
一只黑白兀鹫在西非上空11274米的高度飞翔时，与一架飞机过此得最高的鸟的。

喙最宽的鸟
鲸头鹳的嘴巴比其他任何鸟的嘴巴都要宽，达到12厘米。

最大的鸟
非洲鸵鸟是世界上最大最高的鸟，雄鸟高达2.7米，重达156千克。鸵鸟蛋也是世界上最大的蛋，蛋上即使站一个人也不会破裂。

非洲鸵鸟（*Struthio camelus*）

非　洲

欧　洲

地　中　海

阿特拉斯山脉

阿哈加尔高原

撒　哈　拉　沙　漠

提贝斯提山脉

红　海

尼罗河

乍得湖

尼日尔河

非洲概况

鸟类数量
超过2500种鸟类生活在非洲。肯尼亚的鸟类生态尤其丰富，有1000多种。

深湖
坦噶尼喀湖深达1435米，是世界上第二深的湖泊。非洲最大的湖泊是维多利亚湖，但只有81米深。

最长的河流
尼罗河全长6670千米，是世界上最长的河流。

壮观的瀑布
赞比西河上的维多利亚瀑布落差108米，宽1700米。

最大的沙漠
撒哈拉沙漠是世界上最大的沙漠，面积有大约900万平方千米。撒哈拉沙漠中有着世界上最高的沙丘，可达430米。

大裂谷
东非大裂谷全长约6400千米，有些地方宽达35至60千米。在2500万年前，地壳运动造成了大裂谷之间的陆地塌落，形成这种地形。

埃塞俄比亚高原

风暴云的出现预示着坦桑尼亚草原上的雨季即将开始了。有些非洲鸟会跟着雨水的路径，在非洲境内到处迁移。

印度洋

马达加斯加岛

维多利亚湖

坦噶尼喀湖

东非大裂谷

马拉维湖

赞比西河

刚果河

非洲跳兔

纳米布沙漠

卡拉哈迪沙漠

大西洋

典型的鸟类

这里介绍的是非洲最重要栖息地中的典型鸟类。这些栖息地包括炎热干燥的沙漠，空旷的草原，温暖潮湿的雨林以及河流、湖泊和沼泽。在以下数页中，将更详细地介绍典型的非洲鸟类和它们生活的地方。

大草原
世界上只有两种牛椋鸟，它们都生活在非洲大草原。牛椋鸟以寄生在食草动物皮毛上的昆虫为食。

沙漠
大部分鸟类在干燥的沙漠中很难生存，但沙鸡却能飞到很远的水坑去找水，并靠吃干种子生存。

雨林
八色鸫是雨林中常见的鸟类。过去非洲的雨林分布很广，现在由于气候变得更加干燥，再加上人类砍伐林木，雨林面积已经大幅缩减。

岛屿
马达加斯加岛上拥有许多独特的鸟类，鹃三宝鸟便是其中之一。其他还有地三宝鸟、裸眉鸫和钩嘴鵙。

山脉
黑雕一类的猛禽生长在非洲的高山上。当它们在高空中翱翔时，能清楚地看到在地面上奔跑的猎物。

湖泊与河流
非洲湖泊与河流周围拥有丰富的食物和筑巢地，在那儿经常可以看到翠鸟，例如斑鱼狗。

湿地和沼泽
多种以鱼为食的鸟类，例如和巨鹭，都在广阔的热带沼泽地生活觅食。非洲南部的奥卡万戈三角洲便是一例。

森林与山脉

世界上的第二大雨林区横跨非洲中部，位于赤道附近的热带地区。那里终年炎热潮湿，物产丰富，有各式各样的鸟类，例如犀鸟、蕉鹃和八色鸫等。热带雨林里有许多鸟儿爱吃的叶子、果实和昆虫，还有可供它们筑巢的树木和灌木丛。此外，在东非山脉低矮的山坡处也生长着雨林，山坡高处则迷雾笼罩，天气寒冷，青草遍地，树木参天，是雕和太阳鸟等飞禽的家乡。

非洲东海岸外的马达加斯加岛上，既有山脉，又有雨林，还有沙漠和草原。数百万年来，这个多样化的环境一直与非洲其他地区隔绝分离，因而进化出许多独特的动物，其中有好几科鸟类是世界其他地区看不到的。

绿林戴胜

这种鸟无论到哪里，总是一大家子聚集在一起叽叽喳喳，十分吵闹。它们会用长而弯曲的喙在树干和树枝上啄来啄去，以寻找虫蛆。这些鸟每小时都要咯咯叫着表演好几遍，以使家族成员聚集在一起。每一对鸟都会有10只以上的年轻同伴帮助它们搜集食物，保护鸟蛋与幼鸟。等这些幼鸟长大后，它们又成为那些照料过它们的鸟的助手了。

这些鸟在咯咯叫着表演时，会面对面地来回摇动，并把身体向前倾。

它在求偶表演时会把尾巴高高地翘向空中。

绿林戴胜
（ *Phoeniculus purpureus* ）
体长：40厘米

红簇花蜜鸟

红簇花蜜鸟常吸食巨大的半边莲的花蜜。

红簇花蜜鸟
（ *Nectarinia johnstoni* ）
体长：27厘米
雄鸟尾羽长度：20厘米

雄鸟和雌鸟都会把红色簇毛弄得非常蓬松，以吸引配偶。

雄鸟胸部的羽毛在繁殖季节会变成绿色，其他时候为棕色，尾羽则全年长度不变。

这种生活在山区的大型太阳鸟，经常栖息在花上，用它又细又长的弧形喙吸取甜甜的花蜜。它长着有力的腿和尖利的爪子，能抓住光滑的树叶。它也会利用喙尖附近的锯齿状边缘来叼住昆虫，以此为食。它在觅食过程中，还能帮忙传授花粉。它的鼻孔上长着小盖，能防止花粉进入。

盔鹀
（ *Euryceros prevostii* ）
体长：31厘米

盔鹀长着有力的钩形喙，便于它捕食昆虫。此外它也吃蛙类和小型爬行动物，例如变色龙。

盔鹀

这种鸟属于鹀鸟科，只生长在马达加斯加岛上。该岛上有14种鹀，这些鸟可能是由一种从非洲大陆飞过来的鹀经过数百万年的时间进化而来的。每一种鹀的栖息地都不相同，因此它们都有足够的筑巢处和食物。

图例：
蓝蕉鹃
盔鹟
非洲八色鸫
刚果孔雀
噪犀鸟
绿林戴胜
红簇花蜜鸟

尼日尔河
塞内加尔河

大
西
洋

非　洲

刚果河　开赛河

东
非
大
裂
谷

红海
青尼罗河
白尼罗河
维多利亚湖
坦噶尼喀湖
马拉维湖
赞比西河
卡拉哈迪沙漠
林波波河
奥兰治河
德拉肯斯山脉

莫桑比克海峡
马达加斯加岛

印
度
洋

巨大的千里光生长在非洲的高山上，太阳鸟就把巢筑在它像甘蓝菜一样的叶子上。

0　250　500　750千米

噪犀鸟喙上的盔状突非常轻，里面充满空心的孔。雄鸟（如图）的盔状突比雌鸟大。

巨大的弯喙使噪犀鸟能够到树上的果实，并送到嘴里。

噪犀鸟
（ Bycanistes bucinator ）
体长：55厘米

蓝蕉鹃
（ Corythaeola cristata ）
体长：75厘米

蓝蕉鹃

蓝蕉鹃常在树梢上成群奔跑攀爬，每群可达12只。它们以植物果实为食，连一些对人类有毒的浆果也照吃不误。蓝蕉鹃会在高树上用细树枝搭筑一个薄薄的平台巢。幼鸟在很小的时候就会在巢上爬来爬去，并用它翅膀上的小爪子保持平衡。大约4个星期以后，它们就会离巢觅食，但要等几天以后它们才飞得起来。

噪犀鸟

噪犀鸟响亮的叫声，听起来很像小孩的哭声。大部分噪犀鸟的筑巢习惯都十分特殊：每对噪犀鸟会在树洞里筑一个圆巢，然后封住洞口，把雌鸟留在里面，雄鸟再借助一条窄窄的缝隙把食物传递进去。这种暂时性的禁闭可以保护雌鸟和幼鸟免受敌人的侵袭。

只有雄雉才有这种白色冠毛。

刚果孔雀

这种罕见的鸟是唯一真正的非洲雉，其他雉类的原产地都是亚洲。它的尾巴很短，与绿孔雀等其他雉类孔雀不同。刚果孔雀生活在雨林地面上，以植物果实和昆虫为食。雌雄鸟都会帮忙照料蛋和幼鸟。

雄雉和雌雉都长着鲜艳明亮的羽毛。

非洲八色鸫
（ Pitta angolensis ）
体长：20厘米

非洲八色鸫

在雨林中，灌木丛的地面上，害羞的小非洲八色鸫跳来跳去地寻找蚯蚓和昆虫。虽然它色彩艳丽，却能十分巧妙地与枝叶繁茂的森林景色混为一体。为了吓唬天敌，它有时会把翅膀展开来蹲在地上，同时把喙指向天空。

刚果孔雀
（ Afropavo congensis ）
体长：70厘米

大草原

野草丛生、气候干燥的大草原为食谷性和食虫性的鸟类提供了丰富的食物。有些鸟类依赖草原上的哺乳动物提供食物，例如牛椋鸟会用尖利的爪子依附在长颈鹿、斑马、犀牛和其他动物身上，吃虱子等吸血的寄生虫。兀鹫和秃鹳则以狮子等大型猫科动物吃剩的动物尸体为食。

在大草原的某些地区，平顶的金合欢树等植物，为织布鸟、椋鸟或佛法僧等鸟类提供了筑巢处，其他鸟类则把巢筑在地面上的隐蔽处。大草原有雨季和旱季，鸟类通常在雨季过后繁殖后代，因为当时地上长满鲜嫩的青草，食物充足。在目前仅剩的草原上，由于居住的人口及开垦的农场越来越多，鸟类生态也日益受到威胁。

弯钩喙能用来撕扯猎物的肉。

猛雕
（ *Polemaetus bellicosus* ）
体长：96厘米

有力的爪子能杀死猎物。

猛雕

这是非洲最大、最强健有力的雕。雌雕展翼的长度可达2.6米。猛雕在捕捉猎物时，有时会从高空以极快的速度猛扑而下，有时则埋伏在树枝上伺机而出。猛雕通常把巢筑在很高的树上。雌雕每次只产一个蛋。

| 0 | 400 | 800 | 1200千米 |

阿特拉斯山

撒

尼日尔河

蛇鹫

这种鸟的英文名称是"秘书鸟"，因为它的羽冠让它看起来像一个在耳朵后面插支鹅毛笔的古代秘书。它以小型哺乳动物、昆虫、其他鸟类及鸟蛋为食；此外，它还会捕杀蛇。蛇鹫用尖利的喙捕捉小型哺乳动物，遇到较大的哺乳动物时则把它们踩在脚下。在求偶期，这些鸟会高高地飞起，发出奇怪的叫声。它的巢是用树枝搭成的一块平台，就筑在树顶上。

这种鸟在捕捉猎物时羽冠常常会竖起。

在鸟类中，只有鸵鸟的脚有两个脚趾。

蛇鹫
（ *Sagittarius serpentarius* ）
体长：150厘米

非洲鸵鸟
（ *Struthio camelus* ）
体长：275厘米
身高：280厘米

非洲鸵鸟

除非你长得特别高，否则不可能和非洲鸵鸟对视。它是现存最大最高的鸟类，在大草原上奔跑起来毫不费力，它还有一双敏锐的眼睛，可寻找树叶、种子和昆虫。雄鸟在地上挖穴筑巢。通常几只雌鸟会把蛋产在同一个巢中。

非洲鸵鸟长着强健有力的腿和脚趾，最快速度可达70千米每小时。

蛇鹫的腿很长，使它在高高的草丛中也能行动自如。

非洲白背兀鹫

非洲白背兀鹫经常在非洲草原上空翱翔，敏锐的眼睛随时巡视着是否有动物死尸可供它们饱餐。它们的头和颈部都光秃秃的，这样吃东西时才不会把羽毛弄脏。非洲白背兀鹫在饱餐之后总要仔细整理羽毛，以减少飞行时出现意外情况的概率。

黑头织雀

黑头织雀成群地生活在一起，巢也筑在一起，这让它们更加安全，不易被袭击。一棵树上有时可能会有上百个巢。它们的巢是雄鸟用一根根草茎织出来的。雄鸟会先搭一个秋千作为支架，再把草绕成环状，最后织成一个圆球。为了吸引雌鸟，雄鸟会倒吊在巢上不停地拍打翅膀。如果雌鸟喜欢这个巢，它就在那里下蛋并自己哺育小鸟。

黑头织雀的鸟巢都挂在树梢上，这样，它的一些天敌就够不着鸟巢了。

黑头织雀用长长的绿草茎编织窝巢，就像编篮子一样，绕圈打结。

乐园维达雀
（ *Vidua paradisaea* ）
体长：雄性39厘米
　　　雌性14厘米

乐园维达雀		猛雕	
黑喉响蜜䴕		黑头织雀	
非洲鸵鸟		蛇鹫	
南红蜂虎			

沙　漠

非　洲

乍得湖

尼罗河

刚果河

赞比西河

洋

雄鸟在炫耀飞行时，会把两根短而宽的尾羽举在长尾羽上面。

雄性黑头织雀会偷其他鸟巢的绿草茎。

黑头织雀
（ *Ploceus cucullatus* ）
全长：17厘米

乐园维达雀

雄性乐园维达雀经常炫耀它漂亮的尾羽，以给雌鸟留下深刻印象或警告情敌不得接近。维达雀从不照顾小鸟，雌鸟总是在梅尔巴雀的巢中下蛋。由于维达雀幼鸟嘴巴里的颜色与梅尔巴雀幼鸟一样，叫声和动作也酷似梅尔巴雀幼鸟，所以，养父母就把它们当作自己的孩子来喂养。

暗棕色的羽毛

在繁殖季节，雄鸟会长出长达 28 厘米的尾羽。

响蜜䴕的皮很厚，蜜蜂的螫针刺不进去。

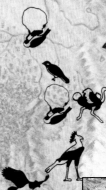

南红蜂虎成群生活在一起，每群多达数百只。它们常在陡直的沙岸上挖洞筑巢。

响蜜䴕会在它经常栖息的特定地点鸣叫。

南红蜂虎中间尾羽长达 12 厘米。

南红蜂虎
（ *Merops nubicoides* ）
体长：37厘米

黑喉响蜜䴕

黑喉响蜜䴕能把人引到蜂窝所在之处。蜂窝一旦被打开，它就会进去吃幼虫和蜂蜜。雌鸟通常把蛋下在其他鸟的巢中，每个巢下一个蛋。它们的幼鸟会用喙上的钩把别的幼鸟啄死或啄伤。

南红蜂虎

南红蜂虎会停栖在鸵鸟、鹳、山羊或绵羊的背上，啄食这些动物走动时惊起的昆虫。它还会聚集在草原大火附近，捕食试图逃离的昆虫。南红蜂虎特别爱吃带螫针的昆虫。为了把螫针弄掉，它会用喙紧紧叼住昆虫，在栖木上拼命摔打和磨蹭，然后再一口把虫吞掉。

黑喉响蜜䴕
（ *Indicator indicator* ）
体长：20厘米

河流、湖泊和沼泽

非洲的淡水栖息地包括尼罗河和尼日尔河等大河，苏德和奥卡万戈三角洲等沼泽地。在大河周围的沼泽和湿地中拥有丰富的生物，特别是鱼。因此许多以鱼为食的鸟类都生活在那里，包括鹭、黑鹭、鹳和鹈鹕等。生长在温暖浅水中的芦苇和百合属植物为鸟类提供了筑巢之所和安全的觅食地。

东非大裂谷位于非洲东部。这条狭长的裂谷是地壳缓慢裂开后，引起其间陆地下沉形成的。在平坦的谷底，有许多壮观的湖泊。欧洲和亚洲的鸟类便把这些湖泊和沼泽，当作它们穿越非洲大陆时的休息站。

非洲海雕
（Haliaeetus vocifer）
体长：75厘米

雄鸟和雌鸟在求爱时总要炫耀一下飞行技术，它们会在空中向下翻滚时试图抓住对方的爪子。

非洲海雕

这种鸟大部分时间都栖息在水边的高树上。它会不时从树上飞扑下来，用有力的爪子捕捉水面上的鱼。有时它也会以脚先入水的方式冲入水中，等抓到鱼之后再飞离水面。

图例：
黑鹭
锤头鹳
非洲长脚水雉
小红鹳
非洲海雕
横斑渔鸮
鲸头鹳

非洲
塔纳湖
亚丁湾
苏德沼泽区
白尼罗河
尼日尔河
沃尔特湖
大西洋
图尔卡纳湖
刚果河
东非大裂谷
维多利亚湖
印度洋
坦噶尼喀湖
马拉维湖
赞比西河
奥卡万戈三角洲
林波波河
卡拉哈迪沙漠
奥兰治河

0 300 600 900千米

数百万只红鹳成群飞到大裂谷的湖泊上，例如图尔卡纳湖。它们以当地微小的动植物为食。

横斑渔鸮
（Scotopelia peli）
体长：61厘米

横斑渔鸮的眼睛很大，帮它在黑暗中能看得很清楚。

横斑渔鸮

横斑渔鸮白天躲在河流和沼泽附近的树上，夜晚则在水面上低飞，用有力的脚捉鱼。它的腿和脚都没有毛，这样当它从水中掠过时，双脚才不会弄得湿漉漉的。横斑渔鸮和其他鸮不同，它翅膀的边缘没有让它保持无声飞行的绒羽。但它不需要无声飞行也一样能接近鱼。

它的脚下长着小刺，能抓住滑溜的鱼或青蛙。

黑鹭

黑鹭捕鱼的方式很特殊。它会把翅膀展开后向头部合拢，在水面上造成一片阴影。这样做可能是因为阴影部分能隔绝反射的光线，使它容易看到鱼。另一种解释是，鱼可能以为阴影处是安全的隐蔽地，所以会游到阴影下面。黑鹭一看到鱼，就会迅速将喙插入水中，叼住鱼饱餐一顿。

锤头鹳

锤头鹳
(*Scopus umbretta*)
体长：56厘米

这种长相古怪的鸟因其锤子似的头而得名。它常会在水边树木的高处，用细枝、草和泥巴筑成一个有顶的大巢，巢的周围还点缀着羽毛、骨头、蛇皮和人类的废弃物。它的巢非常坚固，一个人站在顶上也不会塌陷。当成鸟外出觅食时，幼鸟待在厚实的巢内十分安全。

黑鹭常会在水面上把翅膀展开成"伞"状，每次持续两三秒钟。

锤头鹳的短尾巴和宽翅膀，使它能轻松滑翔高飞。

筑一个巢需要1至6个月，但不知道为什么，锤头鹳常常一年筑好几个巢。

带蹼的脚趾

鲸头鹳有个大脑袋，帮助它支撑宽大的喙。

它的大眼睛非常敏锐，能看到水中的鱼和其他猎物。

又细又长的喙能刺穿猎物。

带钩的喙能叼住又湿又滑的食物。

黑鹭
(*Egretta ardesiaca*)
体长：可达66厘米

鲸头鹳
(*Balaeniceps rex*)
体长：120厘米

小红鹳

数千只小红鹳聚集在非洲的湖泊，在那里筑巢生活，以微小的水生植物为食。为了确保幼雏有足够的食物，成鸟的食管小袋——嗉囊中，会分泌一种营养丰富的"奶"，这种奶是鲜红色的，因为它们的食物中含有粉红色素。同样的原因，它们的羽毛也是粉红色的。

鲸头鹳

这种鸟的喙形像鞋子一样，又宽又大，非常利于捕捉它最喜欢吃的肺鱼。此外，它还吃小鳄鱼、甲鱼、蛙和蛇类。气候炎热时，成鸟会把水含在喙里，淋在幼鸟身上，让它们凉爽一点。

小红鹳
(*Phoeniconaias minor*)
体长：90厘米

非洲长脚水雉
(*Actophilornis africanus*)
体长：31厘米

非洲长脚水雉

这种鸟也叫长脚雉鸻。它们常在水生植物漂浮的叶面上跑来跑去，以啄食水面和叶子上的食物。雄鸟负责筑巢、孵蛋和照顾幼鸟，这在一般鸟类之中非常少见。多数鸟类都是由雌鸟哺育幼鸟，而且是独立承担这项任务。

幼鸟肚子饿的时候，就会咯咯地叫着要东西吃。

非洲长脚水雉的长脚趾和长爪子分散了自己的体重，所以它能在漂浮的水生植物上行走，而不至于陷下去。

亚洲

亚洲是世界第一大洲。在北亚、中亚和西南亚的绝大部分地区，气候都是寒冷而干燥，其中有环境恶劣的沙漠、干燥的草原和寒冷的森林。在这些环境下，鸟类很难生存，因此许多鸟类在寒冷的季节被迫迁徙到南方。东南亚则属于热带气候，那里温暖多雨，鸟的种类多得出奇，包括雉类、画眉类、鹅类、莺类和鸫类等。当地有些鸟类是世界其他地区所没有的，例如金额叶鹎、大眼斑雉和马来犀鸟。

亚洲的西面与欧洲和非洲相接，因此有些亚洲鸟类与欧非两洲的鸟类相同或相似。在亚洲南部，东南亚群岛形成了一连串的"踏脚石"，使鸟类能够沿着这些岛屿往返于亚洲、新几内亚和澳大利亚之间。

世界上大约有一半的人口生活在亚洲，这些人大大地改变了亚洲的地貌和植物生态。由于城市的扩展和林地的破坏，鸟类的生存正遭到日益严重的威胁。除非鸟类能够适应城市生活，否则自然栖息地一旦被破坏，它们将永无栖身之处。

印度次大陆的漂移

几百万年来，由于大陆的漂移运动，印度在地球上的位置不断改变。

大约在两亿年前，印度与非洲、澳大利亚、南极洲是相连在一起的。

但它后来脱离了这些陆地，缓慢地北移到亚洲（右图）。

大约在6000万至4000万年前，印度与亚洲相撞，将陆地由海底推撞突起，产生了巨大的皱褶，形成了喜马拉雅山脉。印度目前仍以每10万年移动大约1千米的速度向亚洲内陆推挤。

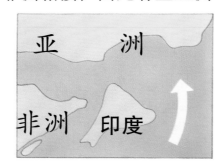

气候与地貌

亚洲的大山脉如喀喇昆仑山脉、帕米尔高原和喜马拉雅山脉，由东南向西横跨亚洲，把温暖潮湿的印度和东南亚地区与寒冷干燥的中亚地区分隔开来。东南亚包括数千座岛屿，其中的许多岛屿是因海底火山喷发而形成的。

许多东南亚岛屿都会受季风影响，例如这些印尼岛屿。该地夏季时暴雨频繁，冬季则比较寒冷干燥。强劲的季风划分了这里的季节。

鸟类奇观

敲击声最响的鸟

人们可以从1.8千米远的地方听到这种巨大啄木鸟敲击树干发出的声音。

黑啄木鸟
（ *Dryocopus martius* ）

头部最重的鸟

盔犀鸟的喙的上方长着一个像象牙一样的实心盔状突，使它的喙比任何鸟的喙都要重。

尾羽最大的鸟

大眼斑雉的尾羽在全世界鸟类中是最长最大的。雄鸟的尾羽可以长达173厘米，宽达13厘米。

学飞最快的幼鸟

黄腹角雉的幼鸟是学飞最快的飞鸟之一。它们在孵出之后24小时内就能长出飞羽，并且能立即飞入林中。

最重的飞鸟

灰颈鹭鸨是世界上最重的飞鸟。雄鸟可重达19千克，像个小孩一样重。

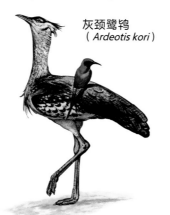

灰颈鹭鸨
（ *Ardeotis kori* ）

北冰

叶尼塞河

欧　洲

亚

帕米尔高原

兴都库什山脉

喀喇昆仑山

西藏高原

雅鲁藏布

喜马拉雅山

印度河

恒河

红海

阿拉伯海

印　度

西高止山脉

孟加拉湾

印　度　洋　　斯里兰卡

亚洲概况

最高的山脉

喜马拉雅山脉是世界最高的山脉，最高峰珠穆朗玛峰，高8848.86米。

鸟类总数

大约有2600种鸟类生活在亚洲大陆的热带地区——从印度西部到中国东部，再到印度尼西亚的苏门答腊岛和爪哇岛。仅在菲律宾繁殖的鸟类就有600多种。

最大的森林

北亚的针叶林带西起斯堪的纳维亚半岛，东抵太平洋海岸，面积广达1200万平方千米，是世界上最大的森林。

最多的火山

印尼的爪哇岛上大约有50座火山，其中布罗莫火山（下图）是最大的一座。日本大约有16%的土地被火山土壤所覆盖。

最大的三角洲

恒河—布拉马普特拉河三角洲面积达65000平方千米。

世界上最深的湖泊

西伯利亚的贝加尔湖是亚洲最大的湖泊，深1637米。湖中所蓄淡水占全世界淡水总量的1/5。

最高降雨量

印度的乞拉朋齐的年降雨量高居世界第一位，达10800毫米。

典型鸟类

这里介绍的是亚洲最重要栖息地的典型鸟类。接下来，我们会针对这些典型鸟类及其栖息地做更详细的介绍。

山地

像红胸角雉一类的鸟，夏季生活在山地高处，冬季便移栖到低处来。亚洲山地为鸟类提供了一系列紧邻相连的栖息地，从热带森林、落叶林、针叶林，到草原和白雪皑皑的多岩山峰。

雨林

12种咬鹃生活在东南亚的雨林中，这种橙胸咬鹃便是其中的一种。该地区的雨林鸟类还有犀鸟、拟啄木鸟、阔嘴鸟、八色鸫和太阳鸟。

针叶林

交嘴鸟在北亚广阔的针叶林中处处可见。此外，林中还有松鸦、太平鸟、鸲鹟、山雀、啄木鸟、星鸦和松鸡等。

沙漠和灌丛带

伯劳、云雀、山雀和沙鸡等鸟类，都是以该栖息地的昆虫和种子为食物。这种长尾伯劳是富有侵略性的食肉动物，以青蛙和其他鸟类为食。

林地

超过50种雉生活在亚洲大陆的热带地区及东南亚岛屿的森林中，其中包括这种蓝孔雀。由于森林遭破坏，许多雉类都面临着灭绝的危险。

河流、湖泊和沼泽

钳嘴鹳等鹳类与鹭、秧鸡、鹬、琵鹭、鹮、鸭、雁和天鹅共同分享水上的栖息地。

城市

这种乌鸦生活在人类的农田、房屋以及庭院附近，与鸽子、椋鸟、鹩哥、长尾鹦鹉和麻雀等鸟类生活在一起。

白令海
勒拿河
鄂霍茨克海
贝加尔湖
北海道岛
本州岛
日本海
朝鲜韩国
日本
四国岛
九州岛
洲
黄河
长江
中国
东海
台湾岛
太平洋
菲律宾
湄公河
泰国湾
南海
安达曼海
新几内亚岛
加里曼丹岛
苏拉威西岛
苏门答腊岛
印度尼西亚
爪哇岛
澳大利亚

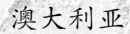

喜马拉雅山脉

从冰雪覆盖的山峰到山坡低处炎热的森林，魏峨的喜马拉雅山脉为鸟类提供了多样的栖息地。在陡峭荒凉的岩石斜坡上，恶劣的气候导致许多以其他动物尸体为食的鸟类提供了源源不绝的食物。在温暖的夏季，山坡低处鲜花盛开的草地上，到处飞舞着嗡嗡鸣叫的昆虫。岩鹨和红尾鸲迫不及待地捕食这些昆虫，而同样在这些高坡草地上觅食的鸽子和鹀鹀则喜欢吃嫩芽和球茎。

夏季时，许多鸟类会在山脉高处觅食和筑巢，但到了冬季便迁移到山麓有遮蔽处的森林中。这些森林里有丰富的植物果实和种子，到处可以看到鹩哥、画眉和长尾鹩鹛。不幸的是，人类为了获得木柴或兴建农场，将喜马拉雅山上的许多林地砍伐一空。当树木日渐稀少时，雨水会直接从山上冲入峡谷，常会造成山洪暴发。收雨水、防止土壤流动的功能，土壤流失。

斑头雁（*Anser indicus*）
体长：76厘米

斑头雁在飞行时会排列成队，这样风吹过时阻力就不会太大。

斑头雁

斑头雁在中亚繁殖后代，然后以创纪录的高度飞越喜马拉雅山到印度过冬。它们白天时栖息在河流、湖泊附近。夜晚在农田中吃庄稼作物，所以农民时常射杀它们。斑头雁从一个觅食地飞到另一个觅食地时，会发出一种响亮而悦耳的叫声。

胡兀鹫（*Gypaetus barbatus*）
体长：120厘米
翼展：280厘米

粗硬的黑色羽毛就像胡子一样长在地下垂。

胡兀鹫

胡兀鹫的飞行技术高超，它常在高山上空翱翔盘旋，寻找它的近亲欧亚兀鹫吃剩的动物残骸。胡兀鹫爱吃骨头里面的骨髓。它总是飞到很高的地方把骨头丢到岩石上，把骨头摔碎，有时一块骨头要经过这样摔上50次才会摔裂开。胡兀鹫长年累月地来到同一地点摔骨头，它们偶尔也用这种方式摔龟壳。

印度

喜马拉雅山脉

恒河

印度河

兴都库什山脉

红翅旋壁雀（*Tichodroma muraria*）
体长：15厘米

红翅旋壁雀会像蝴蝶一样拍翅膀。

夏天时，红翅旋壁雀雄鸟喉部的羽毛是黑色的。

红翅旋壁雀

灵敏的红翅旋壁雀会爬上陡峭的岩壁，用它弯曲的尖喙寻找昆虫。它在觅食时会展开翅膀，以支撑住身体。夏季时，红翅旋壁雀会迁徙到高山上。到了冬季，它会移栖到较低的山坡地去越冬了。

斑头雁　棕尾虹雉
胡兀鹫　白颊鹎
红翅旋壁雀　鹩哥
暗腹雪鸡

450千米
300
150
0

伊
洛
瓦
底
江

孟加拉湾

雄鸟

雌鸟的棕褐色羽毛
使它能隐藏在巢里而
不容易被发现。

雌鸟

印

度

洋

恒帕德湾

讷尔默达河

达普蒂河

德干高原

高
止
山
脉

西

讷
尔
默
达
河

棕尾虹雉

棕尾虹雉雄鸟生活在喜马拉雅山脉的森林和草地中，它会随着季节变化做垂直迁徙。它利用有力的弯喙挖掘根部、球茎和昆虫的幼虫。雄鸟在求偶表演时，会竖起羽冠，抖松光亮的颈部羽毛，并展开尾羽，垂下翅膀。

棕尾虹雉雄鸟的腿弯曲着
不容易看
棕尾虹雉善于爬山。

棕尾虹雉
（ Lophophorus impejanus ）
体长：72厘米

一只雄性蓝孔雀在炫耀它漂亮的羽毛。在喜马拉雅山脉的森林中还有许多其他羽色艳丽的雉。

鹩哥
（ Gracula religiosa ）
体长：31厘米

鹩哥

这种聒噪的鹩哥生活在喜马拉雅山坡低处的森林树冠中，主要以植物果实和种子为食。它的叫声变化多端，模仿人类的声音更是惟妙惟肖，因此人们经常从野外捉来鹩哥，当作宠物来豢养。教它们"说话"，当

在鹩哥亮的黑色羽毛衬托下，鹩哥那鲜亮黄色的面部肉垂显得十分醒目。

暗腹雪鸡

暗腹雪鸡斑驳的羽色与山坡上的岩石和雪恰好混为一体。它吃植物的各个部位，包括根、块茎、浆果、嫩芽和种子，但它经常搜寻大片地区，才能找到足够的食物。在繁殖季节，雄鸟会发出幽婉的哨声来吸引雌鸟。

暗腹雪鸡
（ Tetraogallus himalayensis ）
体长：72厘米

雪鸡等鸟类会成群地在很高的高空飞行，穿越喜马拉雅山脉白雪覆盖的山峰。

白颊鹎

天性活泼的白颊鹎生活在喜马拉雅山脉海拔2100米的高坡上。它常停栖在灌丛顶上，一边俯身摆尾，一边大声鸣叫。白颊鹎不但不怕人类，而且充满好奇心，它通常生活在村庄和城镇附近，有时还会飞到人类的屋子里偷吃食物。

白颊鹎
（ Pycnonotus leucotis ）
体长：19厘米

长长的羽冠

短翅膀、长尾羽是白颊鹎的特征。

东南亚

在亚洲的南端与大洋洲的北部之间，有一片浅海，其间分布着数千个岛屿。在最接近大洋洲和新几内亚的岛屿上，亚洲的鸟类和大洋洲的鸟类混居在一起。而在比较遥远的岛屿上，如菲律宾群岛，许多鸟由于接触不到其他种鸟类，因而演化出许多独特的种类。

东南亚有许多火山。事实上，该区有些岛屿就是巨大海底火山的山顶。肥沃的火山土壤和炎热湿润的气候，使雨林生长得极茂盛。在这些雨林中，由于有许多鸟类爱吃的昆虫、果实和种子，因此鸟的种类繁多。大群鸟儿时常聚集在果实累累的树上，但由于这些鸟都有很好的伪装羽色，所以在丛林中很难发现它们。东南亚地区的人口很多，人们为了兴建村庄，开辟煤矿和农场，几乎将大片的原始森林砍伐殆尽。这使得适合鸟类生活的地方越来越少，甚至进一步威胁到许多鸟类的生存。

食猿雕长着厚厚的钩形喙，能撕开猎物的肉。

食猿雕
（ Pithecophaga jefferyi ）
体长：100厘米

食猿雕

这种凶猛的雕常常在树冠上空滑翔，或者从栖枝上猛扑下来捕捉猎物，它的猎物包括猴子、狐猴、小鹿及犀鸟一类的大鸟。由于食猿雕的森林栖息地遭到严重破坏，如今它已经成为世界上最稀有的猛禽了，目前只剩下几百只。

鼯猴是食猿雕非常爱吃的食物。

大眼斑雉的中间尾羽长得很长。

雄雉将它漂亮的翼羽展成扇形，以吸引雌鸟。

大眼斑雉

在繁殖季节，雄性大眼斑雉会把它的领地扫得干干净净，一片树叶、一根嫩枝或一块石粒都不留。然后它会神气活现地走来走去，同时大声鸣叫来吸引雌鸟。如果有雌鸟光临，它便会在这只雌鸟面前展开长长的翅羽，翩翩起舞。它的翅羽上有着耀眼的金色圆点。

大眼斑雉
（ Argusianus argus ）
体长：雄性（包括尾羽）200厘米
雌性76厘米

爪哇金丝燕
（ Aerodramus fuciphagus ）
体长：12.5厘米

用唾液筑成的巢，非常坚固。

爪哇金丝燕

在海岸边的洞穴中或热带雨林里，经常有数千只爪哇金丝燕在一起筑巢。爪哇金丝燕生活在洞穴中，它们的巢的形状如茶杯。这些巢几乎完全是用它们自己的唾液筑成的，质地像水泥一样坚硬，紧紧地贴在洞穴的壁上和顶上。人们经常采集这些巢来做"燕窝汤"，十分珍贵。

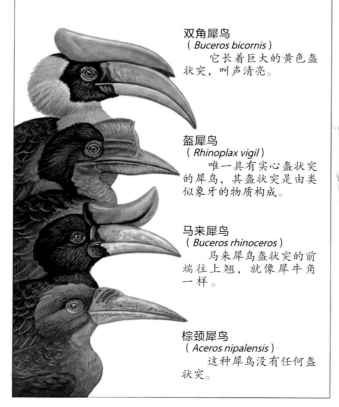

犀鸟

犀鸟因其喙上像角一样的奇怪盔状突而得名。许多犀鸟的盔状突都长在喙上。盔状突的外部是一层皮和骨骼，里面是很轻的"蜂窝状"结构。没有人知道这种盔状突的用途是什么：也许它可以帮助犀鸟分辨出同伴的性别和年龄，或者可以使它的叫声更加响亮。

双角犀鸟
（ Buceros bicornis ）
它长着巨大的黄色盔状突，叫声清亮。

盔犀鸟
（ Rhinoplax vigil ）
唯一具有实心盔状突的犀鸟，其盔状突是由类似象牙的物质构成。

马来犀鸟
（ Buceros rhinoceros ）
马来犀鸟盔状突的前端往上翘，就像犀牛角一样。

棕颈犀鸟
（ Aceros nipalensis ）
这种犀鸟没有任何盔状突。

东 南 亚

北部湾

东

安达曼海

泰国湾

安达曼群岛

苏门答腊岛

印

度

洋

爪哇岛

菲律宾群岛

南海

加里曼丹岛

印 度 尼 西 亚

爪 哇 海

苏拉威西岛

弗洛勒斯岛

帝汶岛

帝汶海

新几内亚岛

太 平 洋

食猿雕　　　　　爪哇金丝燕

长尾缝叶莺　　　双角犀鸟

大眼斑雉　　　　马来犀鸟

绿阔嘴鸟　　　　棕颈犀鸟

蓝冠短尾鹦鹉　　盔犀鸟

0　　200　400　600千米

红树林沼泽地沿着海岸线分布，那里鱼类繁多，是鹳和翠鸟等鸟类理想的觅食处。

在东南亚所有的森林里，都可以看到色彩艳丽的咬鹃。它们主要以树叶上的大型昆虫为食。

长尾缝叶莺
（ Orthotomus sutorius ）
体长：14厘米

缝叶莺的巢搭筑在用树叶缝制的摇篮中。

它又长又尖的喙能在树叶上扎洞。

在繁殖季节，雄鸟会长出两根长长的尾羽。

长尾缝叶莺

这种鸟筑巢的方法非常奇特，它会在灌木丛或矮树枝上，把一片或数片树叶缝在一起作为巢，它就是因此而得名的。缝叶莺会用喙当针，先在树叶边缘扎出一行小洞，然后把蜘蛛、昆虫吐的丝或棉质植物逐一穿过小洞。缝叶莺就在这种树叶缝成的"口袋"中筑巢。

绿阔嘴鸟

绿阔嘴鸟身上长着闪亮的绿色羽毛，与森林中的树叶色彩近似，因此天敌很难发现它。绿阔嘴鸟在森林中小群行动，缓慢行进，以寻找植物果实、花蕾和昆虫。它在进食时经常会发出哨音，或发出像青蛙一样的呱呱叫声。

雄鸟身上的绿色比雌鸟的鲜艳，翅膀上有黑色条纹，颈部带有斑点。

绿阔嘴鸟
（ Calyptomena viridis ）
体长：17厘米

在休息和睡觉时，短尾鹦鹉会把身体向后弓，倒吊在树上。

蓝冠短尾鹦鹉
（ Loriculus galgulus ）
体长：14.5厘米

蓝冠短尾鹦鹉

这种麻雀大小的鹦鹉经常在树梢间飞来飞去，以寻找花蜜、花朵、果实和种子。它有时也像啄木鸟一样，会把尾巴直挺挺地顶在树枝或树干上支撑身体。夜晚时，它会像蝙蝠一样倒挂在树枝上，这能帮助它躲避夜间出来捕食的天敌。

森林、湿地、草原与沙漠

亚洲的平原、沿海地区拥有大量城市群，是上亿人的居所，因此几乎没有鸟类生存的空间了。有些鸟，如冲绳秧鸡已经濒临灭绝。但是，森林、湿地、草原与沙漠地带仍然是许多鸟类的家乡，特别是雉和鹤。日本群岛已经与亚洲大陆分隔了数百万年之久，许多鸟类也已经演化成独有的种类。日本鸟类之所以种类繁多，部分是因为栖息地极为多样化，但日本的气候类型变化多端也是原因之一。从南面温暖的九州，到北面寒冷的北海道，气候变化极大。中国西南部的森林，是红腹角雉和红腹锦鸡的庇护所。中国的北部是环境恶劣的沙漠和草原，但沙鸡和鸨在那里也能生存下去。

虎头海雕

每年冬天，大批的虎头海雕会聚集在日本北海道林木葱葱的陡峭山谷中。夜晚，它们在山谷里躲避冬天猛烈的寒风，白天便外出捕鱼。它们一旦发现鱼，就猛然扑向海面，用强有力的钩爪抓住。虎头海雕也吃海狮和其他动物的尸体。

虎头海雕
（ *Haliaeetus pelagicus* ）
体长：100厘米

中华攀雀的窝巢是用草、树叶、地衣和苔藓筑成的。

中华攀雀

娇小的中华攀雀生活在芦苇丛生的湿地上，但它通常把巢筑在柳树上。它筑的巢悬在树枝上，非常奇特，就像一个毛茸茸的钱包。雄鸟和雌鸟会共同筑巢，大约需要两星期才能完成。雌鸟每窝产下5至10个蛋，小鸟孵出后要在巢中待上两三个星期，才会离巢飞出。

中华攀雀
（ *Remiz consobrinus* ）
体长：11厘米

暗绿绣眼鸟的尖喙能够戳入树皮，寻找昆虫吃。

暗绿绣眼鸟
（ *Zosterops japonicus* ）
体长：11.5厘米

暗绿绣眼鸟

暗绿绣眼鸟生活在日本和中国地区。它们成群在树林中飞来飞去，以寻找昆虫、种子、花蕾和果实。夏季时，它们使用刷子般的舌尖舔食花蜜；冬季时，它们就光临人类的庭院，吃种子和果实。

雄鸟的眼睛四周有鲜红色的裸皮。

雄性黑长尾雉有长长的尾羽。

黑长尾雉

黑长尾雉又名帝雉，是中国台湾的特有种鸟类。它生活在高山茂密的树林中，以浆果、种子、树叶和昆虫为食。每年春季，雌鸟会产下5至10个蛋，幼雏则需要将近一个月才能孵化出来。

黑长尾雉
（ *Syrmaticus mikado* ）
体长：雄性88厘米
　　　雌性53厘米

鸳鸯

鸳鸯喜欢生活在湿润的地方。通常，这种地方周围是茂密的落叶林。像其他水禽一样，鸳鸯也在树洞里筑巢。幼鸟孵化后，必须从树洞跳到地上，但因为它们极轻，而且拥有蓬松柔软的羽毛，所以这一行为并不会让自己受伤。

鸳鸯
（ *Aix galericulata* ）
体长：51厘米

在繁殖季节，雄鸟会长出鲜艳的羽毛，以吸引雌鸟。

太平洋

日本

北海道岛

日本海

本州岛

四国岛

九州岛

台湾岛

亚洲

额尔齐斯河

鄂毕河

阿尔泰山脉

昆仑山脉

兴都库什山脉

印度河

西藏高原

喜马拉雅山脉

雅鲁藏布江

恒河

布拉马普特拉河

湄公河

萨尔温江

黄河

东海

长江

中国

印度

阿拉伯海

孟加拉湾

海南岛

南海

菲律宾群岛

0 250 500 750千米

美丽的白色大天鹅迁徙到日本沿海有屏障的地区过冬。春季，它们就在淡水池塘旁筑巢。

中华攀雀

虎头海雕

黑长尾雉

暗绿绣眼鸟

鸳鸯

毛腿沙鸡

丹顶鹤

丹顶鹤
（ *Grus japonensis* ）
体长：150厘米

一对鹤在求偶时翩翩起舞。

毛腿沙鸡
（ *Syrrhaptes paradoxus* ）
体长：41厘米

毛腿沙鸡

　　这种沙鸡生活在中国北部和中亚干燥的沙漠和草原地带。它以植物种子和嫩芽为食，能飞到很远的地方找水喝。当幼雏还不会飞行时，雄毛腿沙鸡就会把水带回来给它们喝。雄性毛腿沙鸡的办法是坐卧在水中，直到腹部的羽毛浸透了再返回，幼雏就喝它羽毛上的水。

长而尖的羽毛帮助毛腿沙鸡快速飞行。

幼雏从雄性毛腿沙鸡的羽毛上摄取水分。

丹顶鹤

　　丹顶鹤在求偶期间会翩翩起舞。它们时而跳跃，时而低头俯身，还不停拍打翅膀，甚至还会把羽毛或石子抛向空中。鹤舞能帮助丹顶鹤找到伴侣。鹤一生通常只与一个伴侣厮守，一旦它们选择了配偶，就很少再展示舞姿了。每对鹤都守卫着一大片领地，并会大声鸣叫来警告其他鹤不要闯入。

大洋洲

大洋洲包括澳大利亚（世界上最小的大陆）、新西兰、新几内亚诸岛以及太平洋上的数千个小岛。大洋洲已经与世界其他地区隔绝了数百万年之久，所以这里的许多鸟类都是其他地方看不到的，其中比较具有代表性的有薮鸟、琴鸟、澳大利亚鸸鹋、澳大利亚和新几内亚的园丁鸟以及新西兰的几维鸟。从另一方面来说，有些在世界其他地区常见的鸟，在大洋洲却都看不到，例如雉类、啄木鸟就不曾在大洋洲出现过。有些鸟类为了躲避恶劣的气候，每年都会在特定的季节迁徙到大洋洲——涉禽从北方飞到这里，海鸟则从南方飞过来。

大约在200年以前，欧洲人移民到大洋洲，并开始大肆砍伐森林，使许多林地消失了；而他们带去的牛、羊和兔子，也破坏了许多鸟类的栖息地。

澳大利亚的漂移

几百万年来，大陆漂移运动把澳大利亚缓慢地向北推动。大约在一亿年前，澳大利亚仍然与南极洲相连；但到了约5000万年前，它脱离了南极洲，并开始向北漂移。在此后大约3000万年的时间里，澳大利亚始终与世界其他地区隔绝孤立，并进化出许多独特的鸟类。大约在1000万年前，澳大利亚漂移到了非常靠近亚洲的地方，因此有些东南亚的鸟类便移居到澳大利亚北部。

气候与地貌

澳大利亚的中部，也就是内陆地区，主要地形是沙漠，气候炎热而干燥。澳大利亚南部海岸则比较凉爽潮湿。澳大利亚的东北部和新几内亚诸岛属于热带气候，终年温暖潮湿。新西兰属于温带气候，比较凉爽。地球上南北半球的季节正好相反，例如当欧洲是夏季时，大洋洲是冬季。

大洋洲鸟类奇观

边睡边飞的鸟

白喉针尾雨燕的飞行速度可达100千米每小时，它还能一边飞行一边睡觉。

香味最浓的鸟

雄性麝鸭的喙下方长着一个奇怪的皮囊，这是它在求偶表演时用来引起雌鸟注意的。它的名字就来自它在繁殖期间发出的麝香味。

麝鸭
（ Biziura lobata ）

弯曲的鸟喙

生活在新西兰的弯嘴鸻是唯一喙向右弯的鸟。

澳洲鹈鹕
（ Pelecanus conspicillatus ）

最长的喙

澳洲鹈鹕的喙是所有鸟类中最长的，可达47厘米。

最大的鸟巢堆

斑眼冢雉会筑起一座像小丘一样的巢，为鸟蛋保持温暖，直到孵化。这种巢堆宽可达5米，深可达1米。

最大的鸟

鸸鹋和鹤鸵是世界上第二和第三大的鸟类，仅次于鸵鸟。它们也和鸵鸟一样，因身体太重而飞不起来。

大洋洲概况

最大的岩石

乌鲁鲁（艾尔斯岩石）是目前发现的世界上最大的独体岩石。它位于澳大利亚中部，长6千米，宽2.4千米，在沙漠中高达348米。

鸟类数量

大洋洲至少有1700种鸟类，在澳大利亚繁殖的鸟类中，大约有45%是世界上其他地区看不到的。

最长的河流

墨累—达令河是澳大利亚最大的水系，长约3750千米。

最大的珊瑚礁

澳大利亚东北海岸外的大堡礁是世界上最大的生命体。珊瑚沿海岸不断延伸，长达2000千米。

最高的喷泉

新西兰北岛火山区的波胡图间歇泉，从地面猛烈地向上喷射出蒸汽和水，形成高达30米的喷泉。

最少的人口

除了南极洲，大洋洲的人口比世界其他地区都少。在澳大利亚和新西兰，牛羊数是人口数的9倍多。

最平坦的大陆

澳大利亚是最平坦的大陆。它有近2/3的陆地高度在海拔300至600米之间。

最大的湖泊

澳大利亚最大的湖泊是北艾尔湖。这个湖经常是干涸的，但在满水时，湖面面积可达8900平方千米。

加里曼丹岛

苏拉威西岛

新几内亚岛

印度尼西亚

爪哇岛

阿拉弗拉海

珊瑚海

帝汶海

印 度 洋

大沙沙漠

澳 大 利 亚

吉布森沙漠

辛普森沙漠

维多利亚大沙漠

达 令 河

大 分 水 岭

塔 斯 曼 海

新 西 兰

北岛

南岛

大澳大利亚湾

塔斯马尼亚岛

南 大 洋

澳大利亚内陆由干燥的草原和沙漠构成。这种地带形成原因之一是耸立在东部的大分水岭挡住了从太平洋吹来的湿润海风。

桉树林地

桉树的花蜜和花粉为吸蜜鹦鹉和许多吃蜜的鸟提供了食物；其他鹦鹉则多吃种子。

典型鸟类

这里介绍的是大洋洲重要栖息地的典型鸟类。这些栖息地包括雨林、干燥的桉树林及草原，还有沙漠、灌丛带、湖泊、河流和沼泽。在接下来的数页中，将对大洋洲的鸟类做更详细的介绍。

雨林

大洋洲共有41种极乐鸟，它们大多生活在新几内亚和周边岛屿的热带雨林中。除此之外，还有4种生活在澳大利亚的雨林中。

沼泽

澳洲鹤一类的鸟在沼泽中筑巢。沼泽为水鸟提供了躲避掠食者的去处，还为它们提供了鱼类作为食物。生活在沼泽地的鸟类还有麻鳽、鹭和鹮等。

灌丛带

灰钟鹊、钟鹊和噪钟鹊都属于钟鹊科，只有在澳大利亚和新几内亚的灌丛带才看得到它们。

湖泊与河流

黑天鹅、鸭、雁等水鸟都在淡水栖息地觅食筑巢。

岛屿

许多不会飞的特有种鸟类只生活在新西兰诸岛上，几维鸟只是其中之一。它们是在没有什么天敌的环境下进化出来的。

沙漠

像这种橙澳鸲一类的鸲鸟和鹦鹉、鸸鹋，都能在沙漠中生存。它们常在雨后到处漫游以寻找水源并筑巢，因为那时昆虫开始孵化，植物也开始生长。

林地、沙漠与草原

澳大利亚大部分地区的气候都十分干燥。这块大陆的中部地区是酷热的沙漠、草原及灌丛带，人们称之为内地。有些鸟类，如鸭、草鹪、鹦鹉和鸽子，必须设法寻找足够的种子和果实，还得飞到遥远的地方去找水才能在那里生存。有些专门猎捕沙漠爬行动物和小型有袋动物的猛禽也能在这一地区生存下去。

澳大利亚的东南部和西南部属于长满各种桉树的林地，气候普遍比较凉爽潮湿。雨季时，这里的一部分地区会形成湿地，为鹮、鹈鹕、黑天鹅和鸭子提供食物和筑巢地。蜜鸟和吸蜜鹦鹉以桉树和开花灌木的花蜜、花粉为食，例如银桦和山龙眼。鹦鹉能用有力的喙咬开种子。这些鸟在进食过程中也间接传授了花粉并散播了种子。吃昆虫的鸟也能在桉树的树叶和树干上找到足够的食物。

它长着尖利的
能刺穿蛇类等
行动物。

笑翠鸟
（ *Dacelo novaeguineae* ）
体长：42厘米

笑翠鸟

笑翠鸟是翠鸟科中的大个子，因其笑声般的呼啸声及咯咯的叫声而得名。这种叫声是在告诫其他鸟不要进入它的领地。有时候会有好几只鸟一起"咯咯大笑"，这种情形通常发生在清晨或黄昏。笑翠鸟也被人喻为"丛林居民的闹钟"，因为它总在天亮时把居住在丛林中的居民叫醒。有时，它们会光临乡镇和城市庭院，吃人们为它们准备的食物，据说它们还会袭击池塘里的金鱼。

西尖嘴吸蜜鸟
（ *Acanthorhynchus superciliosus* ）
体长：15.5厘米

西尖嘴吸蜜鸟

西尖嘴吸蜜鸟会用它像针一样细的弯喙采花蜜吃。它的长喙能够伸进管状花朵的花心儿中，也可以伸到花形像刷子的花中，例如山龙眼。它有时会在花朵前盘旋，用舌尖上的小刷吸吮花蜜。西尖嘴吸蜜鸟也会吃一些昆虫和柔软的果实。

西尖嘴吸蜜鸟正在吃
红橡胶树花中的花蜜。

辉蓝细尾鹪莺
（ *Malurus splendens* ）
体长：13.5厘米

当它停栖在树
枝上时，常常
会翘起尾巴。

0 200 400 600千米

一只雄性褐岩吸蜜鸟正在
吃山龙眼花蜜。蜜雀在进食
时，羽毛会沾上花粉，随后这
些花粉又会传给其他的花。

珊瑚海

大沙沙漠　麦克唐奈山脉

吉布森沙漠　　澳大利亚

辛普森沙漠

维多利亚大沙漠

北艾尔湖

大分水岭

夫林德斯岭

纳拉伯平原

达令河

墨累河

大澳大利亚湾

珊瑚海

巴斯海峡

在繁殖季节，雄鸟的羽
毛呈光亮的鲜蓝色，雌
鸟则终年羽色黯淡。

塔斯马尼亚岛

南大洋

辉蓝细尾鹪莺

辉蓝细尾鹪莺会一对对地成小群聚集筑巢，集群中包括一些帮忙喂养和保护幼鸟的助手。这些助手可能是尚未离开父母，但已开始自食其力的小鸟，它们帮助弟弟妹妹生存下来。

 斑眼冢雉　　 茶色蟆口鸱

笑翠鸟　　　　辉蓝细尾鹪莺

西尖嘴吸蜜鸟　 华丽琴鸟

 鸸鹋

茶色蟆口鸱

茶色蟆口鸱的羽毛呈灰褐色，斑点和条纹相间，在白天看起来就和树皮一样。夜晚时，它就从栖木上飞扑下来，捕捉林地上的甲虫、蜈蚣、青蛙和老鼠。它会用宽大的喙捕捉落叶中的昆虫。它的喙的基部有一簇硬硬的羽毛，作用就像猫的胡须一样，能帮助它在黑暗中探寻道路和感触食物。

蟆口鸱如果一动也不动地保持这种直立姿势，看起来就像一根干树枝。

茶色蟆口鸱
（*Podargus strigoides*）
体长：53厘米

鸸鹋

鸸鹋的翅膀很小，无法飞翔，不过它的双脚很长，能快速奔跑。为了寻找足够的食物，鸸鹋每年会跟随雨水行走很长的一段距离。它还能把食物转化为脂肪储存在身上，在食物匮乏的时候就靠着脂肪生存下来。数只雌鸸鹋会把蛋下在同一个地洞中，雄鸸鹋负责照顾这些蛋。

鸸鹋
（*Dromaius novaehollandiae*）
体长：190厘米
身高：190厘米

鸸鹋在逃离危险时，奔跑的速度最快可达48千米每小时。

鸸鹋与鸵鸟有亲缘关系，但鸸鹋每只脚上有三个脚趾，鸵鸟只有两个脚趾。

斑眼冢雉

斑眼冢雉的巢是以湿树叶和细枝搭起的，上面还盖着沙土，十分巨大。雌鸟会在巢穴中央下蛋，树叶和细枝腐烂时会产生热量，保持蛋的温度。雄雉会不断用喙在巢中戳来戳去检查温度，确保温度维持在34摄氏度左右。温度低时，它会在巢上添些沙子，使温度升高；温度高时，它会把巢堆打开，以降低温度。幼雉孵出后会自己挖洞出来。

雄雉正在用喙检查巢堆的温度。

斑眼冢雉
（*Leipoa ocellata*）
体长：60厘米

有力的脚利于在沙土中挖掘。

华丽琴鸟因其外侧两根长羽毛而得名，这两根尾羽的形状就像希腊乐器七弦琴。

华丽琴鸟

雄性华丽琴鸟常在土堆上翩翩起舞和展示歌喉，以吸引雌鸟前来配对。它会把长长的尾巴展开成扇形，并向前曲伸到头顶上，形成一面银光闪闪的屏风，这时它的身体几乎完全被高高的尾羽挡住。雌鸟负责筑巢，并独自照顾它所产的唯一的蛋，直到约7个星期后幼鸟离开为止。

华丽琴鸟
（*Menura novaehollandiae*）
体长：雄性（包括尾羽）100厘米
　　　雌性80厘米

长而有力的腿

雨林

澳大利亚东北部茂盛的雨林区与新几内亚岛上的雨林区非常相像。这两个地区曾经联结在一起。两地终年多雨，温暖潮湿，气候十分相似。雨林中果树众多，可作为鸟类的食物来源。但是，人类为了兴建房屋、建筑水坝、拓垦农场和开发矿产，正在迅速砍伐这些雨林。

新几内亚是世界第二大岛，仅次于格陵兰岛。岛上有巍峨的群山和孤寂的深谷，却没有鸟类的天敌——哺乳动物。这使得种类繁多的鸟类得以在此地繁衍进化，包括奇特的园丁鸟和天堂鸟。新几内亚的翠鸟种类比其他任何地方都要多。

维多利亚凤冠鸠
（ *Goura victoria* ）
体长：74厘米

维多利亚凤冠鸠

这是世界上体形最大的鸽子之一，大小和鸡一样。虽然身躯庞大，但它却在高达15米的树上筑巢。雄性维多利亚凤冠鸠在求偶时会不停地点头，向雌鸟展示美丽的冠羽。同时，它也会展开尾羽上下不停地扇动，并发出咕咕的叫声。

维多利亚凤冠鸠遇到危险时就飞入林中，停栖在树枝上。

双垂鹤鸵

这种巨大的鹤鸵的高度、质量，几乎相当于一个身材矮小的人。它会利用头顶上高耸的盔状突拨开林中茂密的灌木丛。它身上长着像头发一样的羽毛，以保护身体不被刮伤。双垂鹤鸵时常在雨林中穿巡，以寻找种子、浆果和植物果实吃。

园丁鸟

雄性园丁鸟没有天堂鸟那样美丽多彩的羽毛。但它们会用细枝搭建"亭子"，并用五颜六色的东西来装点这座庇护所。雌鸟会选择最会搭"亭子"的雄鸟并与它结为伴侣，然后双双离开，到森林中的隐蔽处去搭筑新巢。

缎蓝园丁鸟
（ *Ptilonorhynchus violaceus* ）
体长：33厘米

这是用蓝色材料点缀的"通道式"亭子。

冠园丁鸟
（ *Amblyornis macgregoriae* ）
体长：25.5厘米

这是"五月柱亭"。这种鸟长着橙色的大冠羽。

褐色园丁鸟
（ *Amblyornis inornata* ）
体长：30厘米

这是复合式的"棚屋亭"。这种鸟没有冠羽，羽色黯淡。

因为不会飞，所以双垂鹤鸵遇到敌人时，只能用有力的腿和长长的爪子来保护自己。

在求偶时，雄性双垂鹤鸵会发出咕咕的叫声，并鼓着喉咙，让自己叫得更响。

双垂鹤鸵
（ *Casuarius casuarius* ）
体长：170厘米
体重：55千克

小双垂鹤鸵身上的条纹具有保护作用。

蓝极乐鸟

　　雄性蓝极乐鸟为了向雌鸟炫耀，常会倒吊在树枝上，并把它蕾丝般的肋羽展开成闪闪发光的扇形，两条长长的装饰尾羽则呈弓形悬在上方。它还会不停颤动身体、前后摇摆，发出像电钻一样刺耳的奇怪叫声。每只雄鸟都会在它所属的树上单独炫耀舞姿，雌鸟则挑选舞姿最美的雄鸟配对。

蓝极乐鸟
（ Paradisornis rudolphi ）
体长：70厘米

雄鸟正在向雌鸟炫耀。

雄性蓝极乐鸟安静时的样子。

雄鸟在求偶表演时，尾羽会向上翘。

王极乐鸟
（ Cicinnurus regius ）
体长：31厘米
雄性尾羽：14厘米

王极乐鸟

　　雄性王极乐鸟鲜红色的羽毛，与雌鸟黯淡的棕色羽毛形成强烈的对比。雌鸟负责照顾蛋与幼鸟，它的羽色就是最好的保护色。雌鸟会在雨林中为自己和幼鸟搜寻食物，而让雄鸟尽情展示它美妙的求偶舞姿。

红胁绿鹦鹉

　　红胁绿鹦鹉雌雄两性的体色迥然不同，因此人们一度将它们误认为不同种的鸟类。雌雄两性身上都有一些绿色羽毛，便于隐藏在雨林中，但雌鸟比雄鸟更加光彩耀眼，这是唯一的雌性比雄性色彩更艳丽的鹦鹉。红胁绿鹦鹉在夜间会成群栖息，有时每群多达80只。白天时，它们就穿梭于树冠间，寻找果实、坚果、花蜜和树叶吃。

脚爪像老虎钳一样，能牢牢抓住树枝。

雄鸟

雌鸟

红胁绿鹦鹉
（ Eclectus roratus ）
体长：45厘米

新不列颠岛

新几内亚岛

所罗门群岛

阿拉弗拉海

0　250　500千米

珊瑚海

太 平 洋

卡奔塔利亚湾

大堡礁

棕榈凤头鹦鹉正津津有味地吃着林中的浆果。这种鹦鹉是澳大利亚最大的鹦鹉。

褐色园丁鸟　　　冠园丁鸟
缎蓝园丁鸟　　　红胁绿鹦鹉
双垂鹤鸵　　　　王极乐鸟
红胸侏鹦鹉　　　维多利亚凤冠鸠
蓝极乐鸟

大沙沙漠

红胸侏鹦鹉

　　这种独特的鹦鹉只生活在没有啄木鸟的新几内亚以及附近的一些岛屿上。当它攀爬在树干上时，会像真的啄木鸟一样，用刺状尾羽支撑住身体。它以地衣和真菌为食，但也吃其他植物和昆虫。

红胸侏鹦鹉
（ Micropsitta bruijnii ）
体长：9厘米

硬硬的尾羽可以支撑住身体。

澳 大 利 亚

新西兰

新西兰主要由北岛和南岛组成。北岛属于温带气候，终年温暖，火山活动频繁；南岛则比较寒冷，有冰川、山脉和山毛榉森林。

因新西兰的位置孤立，导致这里的鸟类并不多。大陆漂移运动，使新西兰在数百万年前脱离了其他陆块。不过，新西兰为数不多的鸟类都十分珍奇，这是因为新西兰在脱离其他大陆的时候，本土几乎没有什么哺乳动物，所以当地的鸟类渐渐开始以哺乳动物的方式生活，在地面上四处跑动，到处筑巢。许多鸟类，例如几维鸟和短翅水鸡完全失去了飞翔的能力，因为它们根本无须躲避哺乳动物这类天敌。不幸的是，由于后来人类把短尾鼬和其他哺乳动物带到了新西兰，使这些不会飞的鸟类成为哺乳动物轻易就能捕获的猎物。

啄羊鹦鹉
（ *Nestor notabilis* ）
体长：48厘米

啄羊鹦鹉的上喙很长，能撕裂果实、树叶、昆虫和动物尸体。雄鸟的上喙比雌鸟的还长。

啄羊鹦鹉

这是一种奇异的鹦鹉，栖息地比大部分鹦鹉的都要冷，它甚至能在雪地上生活。夏季时它生活在山上，冬季便迁移到滨海的森林中。在陡峭的山坡上经常可以听到啄羊鹦鹉的叫声。啄羊鹦鹉的雌雄成鸟会一起照顾幼鸟，直到大约13个星期之后，幼鸟能离开鸟巢为止。

小企鹅

这是世界上最小的企鹅，生活在新西兰的海岸和岛屿周围。小企鹅又叫蓝企鹅、仙企鹅。它们白天在海上捕食，夜晚便返回到岸上。每年的繁殖季节，小企鹅都会在同一个巢中与同一配偶配对。它们通常在山洞、岩石堆、草丛或地洞中筑巢。

有力的前肢和蹼足使它能在水中快速游动。

小企鹅
（ *Eudyptula minor* ）
身高：45厘米

弯嘴鸻的喙向右弯，但在进食时却把头向左歪。

弯嘴鸻
（ *Anarhynchus frontalis* ）
体长：21厘米

弯嘴鸻

弯嘴鸻的喙长得很奇怪，喙尖向右弯曲，它因此得名，但没有人知道它的喙为什么会长这样。它是一种与鸻有亲缘关系的涉禽。每年的8月至12月，弯嘴鸻会在南岛宽阔的河床石头和鹅卵石上下蛋，并能巧妙地把自己和蛋隐藏在石头堆中。每年1月，它便迁徙到北岛。

北岛
塔斯曼海
太平洋
普伦蒂湾
东角
劳古马拉山
陶波湖
鲁阿希尼岭
朗伊塔塞河
霍克湾
0　50　100　150千米
新西兰
塔斯曼山脉
库克海峡
塔拉鲁阿岭
塔斯曼海
南岛
南阿尔卑斯山
阿拉卡雅河
坎特伯雷平原
太平洋
威塔基河
斯图尔特岛

褐几维鸟		啄羊鹦鹉	
弯嘴鸻		簇胸吸蜜鸟	
鸮面鹦鹉		小企鹅	
新西兰秧鸡			

簇胸吸蜜鸟

簇胸吸蜜鸟的绰号叫作"牧师鸟"，因为它喉部上的那簇白羽毛很像基督教牧师的白领子。簇胸吸蜜鸟会用刷子般的舌头舔食花蜜。它们总是嘈杂不休，飞行速度很快。在繁殖季节，雄鸟为引起雌鸟的注意，时常会从空中往下俯冲，极为壮观。它们一面朝下急飞，一面不停地翻跟头。

簇胸吸蜜鸟常常大群聚集在食物充足的地方。

吸蜜鸟喉部上的白色簇毛会随着它的鸣叫上下跳动。雌鸟的簇毛比雄鸟小。

新西兰秧鸡的翅膀十分有力，在它走动时有助于保持平衡。

簇胸吸蜜鸟
（*Prosthemadera
novaeseelandiae*）
体长：32厘米

新西兰秧鸡
（*Gallirallus australis*）
体长：60厘米

它有力的双脚能迅速奔跑，以捕食或逃避敌人。

新西兰秧鸡

新西兰秧鸡天性好奇。它虽然翅膀发育良好，却不会飞。它吃各种食物，从草、种子和果实到老鼠、鸟、蛋和甲虫；甚至它还偷吃人类住宅附近垃圾箱中被丢弃的食物。新西兰秧鸡被引入新西兰的一些小岛后，造成了严重的生态问题：它们破坏植物，咬死许多生活在地面上的鸟类。不过，它们也善于捕杀会袭击新西兰珍稀鸟类的老鼠。

鸮面鹦鹉
（*Strigops habroptila*）
体长：64厘米

鸮面鹦鹉身上的绿色羽毛与蕨类植物和其他森林植物色彩相同，成为绝佳的保护色。

褐几维鸟

这种鸟不会飞，行为方式也不像鸟，反而更像哺乳动物。它夜间外出，在森林的灌木丛和树叶间穿巡，用长喙尖上的鼻孔嗅寻食物，就像欧洲森林里的獾一样。一般鸟类很少有如褐几维鸟般敏锐的嗅觉。褐几维鸟身上长着粗厚蓬松的羽毛，毛茸茸的，看起来像哺乳动物一样。这些羽毛可以保护它不被多刺的灌木弄伤。

褐几维鸟的喙长而且很细，能用来探寻蚯蚓、昆虫、蜘蛛、浆果等食物。

褐几维鸟的腿粗壮善跑，有力的爪子善于捕食。

褐几维鸟
（*Apteryx australis*）
体长：65厘米

鸮面鹦鹉

鸮面鹦鹉是世界上最稀有的鹦鹉之一。它们生活在地面上，在夜间才外出活动。因为身躯太重，所以它们也飞不起来。鸮面鹦鹉有一层厚厚的皮下脂肪，占其体重的40%。在繁殖季节，雄鹦鹉会集中在森林某处，发出咕咕的响亮叫声，在1千米以外的地方都听得见。为了使叫声更响，它们还会在树根下挖一个地洞（作用很像传声筒）。鸮面鹦鹉会把自己的身体鼓得像气球一样。

南极洲

南极洲是世界上最寒冷、最多风的地方。

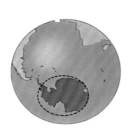

北极是一片被陆地包围的海洋，南极洲则正好相反，是一块四面环海的大陆，且大部分的陆地都被冰层覆盖。那里很少下雨或下雪，所以几乎没有淡水可供鸟类饮用。

南极洲上所有的鸟类都沿海生活。海鸟的羽毛比大部分陆鸟的羽毛浓密，既利于保暖，又利于在风暴中飞翔。夏季时，南极洲海岸周围的部分冰层融化了，数百万只海鸟便来到岸上繁殖，如信天翁、海燕、企鹅和鸬。南极洲的夏季大约有4个月，大部分时间都是白昼。冬季一到，大部分海鸟便离开南极洲，在南大洋上空四处徘徊，寻找食物。

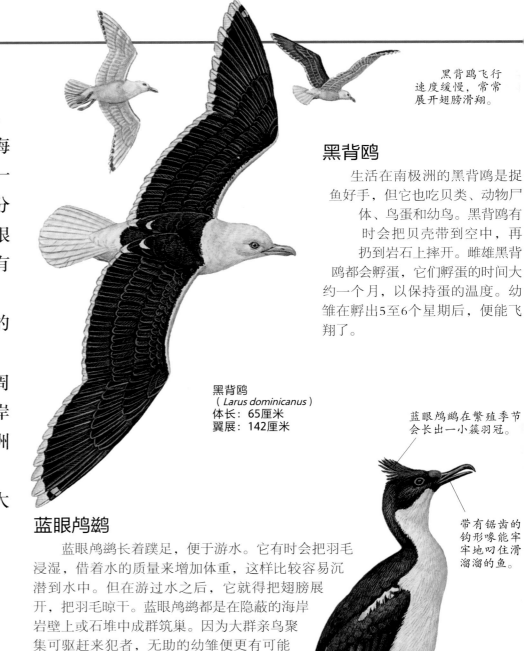

黑背鸥飞行速度缓慢，常常展开翅膀滑翔。

黑背鸥

生活在南极洲的黑背鸥是捉鱼好手，但它也吃贝类、动物尸体、鸟蛋和幼鸟。黑背鸥有时会把贝壳带到空中，再扔到岩石上摔开。雌雄黑背鸥都会孵蛋，它们孵蛋的时间大约一个月，以保持蛋的温度。幼雏在孵出5至6个星期后，便能飞翔了。

黑背鸥
（ Larus dominicanus ）
体长：65厘米
翼展：142厘米

蓝眼鸬鹚在繁殖季节会长出一小簇羽冠。

蓝眼鸬鹚

蓝眼鸬鹚长着蹼足，便于游水。它有时会把羽毛浸湿，借着水的质量来增加体重，这样比较容易沉潜到水中。但在游过水之后，它就得把翅膀展开，把羽毛晾干。蓝眼鸬鹚都是在隐蔽的海岸岩壁上或石堆中成群筑巢。因为大群亲鸟聚集可驱赶来犯者，无助的幼雏便更有可能生存下来。蓝眼鸬鹚的巢是以海草和鸟的粪便黏结筑成的。

带有锯齿的钩形喙能牢牢地叼住滑溜溜的鱼。

蓝眼鸬鹚
（ Leucocarbo atriceps ）
体长：76厘米

信天翁在求偶表演时会面对面站着，同时发出呻吟声，并且不停张张合合地咂着喙。

巨大的钩形喙能吞下鱼或鱿鱼。

大大的眼睛利于它在海上搜寻食物。

漂泊信天翁

这种庞大信天翁的翼展是现存鸟类中最长的。它会利用海浪上方的上升气流升入空中，以它又长又窄的翅膀毫不费力地在南大洋上空快速滑翔。它来到南极洲的岛屿上只是为了筑巢。幼鸟必须在巢中待上一年才能长出用来飞翔的飞羽。成鸟会先行在海上捕食，再吐出一些来喂幼鸟。成鸟和幼鸟都能把黏臭油腻的胃中食物喷出2米远，以赶走大贼鸥这类的天敌。

漂泊信天翁
（ Diomedea exulans ）
翼展：350厘米

白鞘嘴鸥（*Chionis albus*）
体长：41厘米

白鞘嘴鸥虽然大部分时间都待在地面上，但却很善于飞翔。

白鞘嘴鸥

白鞘嘴鸥也叫雪鞘嘴鸥，它会随着季节的转换而吃不同的食物。冬季时它吃虾和海岸线上的帽贝、死鱼，夏季时则潜伏在海豹和企鹅群附近，吃海豹粪便、虚弱或受伤的小海豹和企鹅、企鹅蛋。它还会从南极洲许多科学站的垃圾堆中捡食残羹剩饭吃。

帝企鹅
（*Aptenodytes forsteri*）
体长：110厘米

帝企鹅

南极洲黑暗的冬天一降临，庞大的帝企鹅就会爬上岸，然后深入内陆，来到聚居结集处。雌性帝企鹅每次产一个巨大的蛋后便回到海上觅食。在随后的大约8个星期里，雄性帝企鹅会把蛋放在脚上，用腹部的皮褶将蛋盖住为其保暖，就像茶壶上的暖罩一样。在冬季极度寒冷的日子里，雄性企鹅也不吃任何东西，而且几乎一动也不动。当蛋即将孵化时，雌帝企鹅就会回来。

南 极 圈

南 极 洲

0　300　600　900千米

威德尔海
南极半岛
龙尼冰架

埃默里冰架

黑背鸥　　白鞘嘴鸥
阿德利企鹅　帝企鹅
巨鹱　　漂泊信天翁
蓝眼鸬鹚

弗拉德山
罗斯冰架
罗斯海　艾伯特王子山

南 大 洋

这是一只巨鹱幼鸟。成鸟的头部、面部和腹部都是斑驳的灰色。

鳍像桨一样，可帮助企鹅在水中划游。

巨鹱
（*Macronectes giganteus*）
体长：100厘米

巨鹱

巨鹱由于身上有一股难闻的气味且专以海豹、鲸等动物死尸为食，所以得了一个"臭鸟"的绰号。巨鹱就像兀鹫一样，会用它巨大的喙把动物尸体撕开。巨鹱还会用它有力的钩形喙杀死其他鹱、企鹅和信天翁。

阿德利企鹅常会选定一个最喜欢的地点跳入海中。它们必须时刻保持警觉，以躲开虎视眈眈的海豹。

阿德利企鹅
（*Pygoscelis adeliae*）
体长：71厘米

阿德利企鹅

能在冰冷的南极洲生存的企鹅只有阿德利企鹅和帝企鹅两种。春季时，阿德利企鹅会从海上走到沼泽地带，那里有时会聚集100万只以上的企鹅。这种企鹅会回到出生的聚居地配对。它们求偶的方式十分特别：伸直脑袋和脖子，上下拍动翅膀，并发出击鼓和吹喇叭一样的叫声。

候鸟的旅行

世界上有将近一半的鸟类每年都会启程到其他地方去寻找食物、水和更多的生存空间，或者去躲避恶劣的气候。鸟类这种定期的旅行称为"迁徙"，意思是从一个地方迁移到另一个地方。它们通常都在夜间迁徙，但也有些会在白天迁徙，例如燕子。

鸟类的迁徙行动危险重重，每年都会有数百万只鸟儿无法到达目的地。它们可能是因精疲力竭，或是找不到足够的食物维持体力继续飞行。许多候鸟还可能死于恶劣的气候，或是被埋伏在固定迁徙路线上的人们和掠食者所杀。

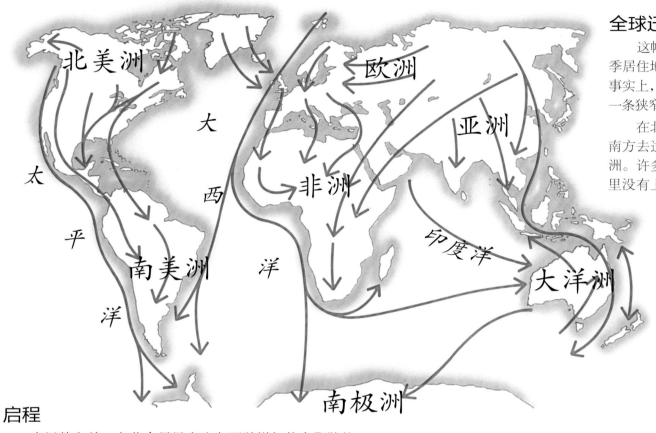

全球迁徙路线

这幅地图显示的是鸟类从夏季繁殖地迁往冬季居住地主要的迁徙路线，也就是"飞行路线"。事实上，鸟类的飞行区域十分广阔，它们不会沿着一条狭窄的路线飞行，有时还可能改变飞行路线。

在北美洲度过夏季的鸟类之中，有2/3会飞到南方去过冬。另一条主要迁徙路线是从欧洲到非洲。许多鸟类都会尽量避免穿越地中海，因为那里没有上升气流可让它们高飞或滑翔。它们都尽量选择从最窄的地方穿越地中海，例如直布罗陀海峡。

亚洲辽阔的内陆地区是鸟类春夏两季觅食和筑巢的理想地点。但到了冬季，这些地方就变得很冷。这时许多鸟类便迁徙到沿海地区。

启程

在迁徙之前，鸟儿会尽量多吃东西以增加体内脂肪的贮存量，使自己有足够的能量持续飞行。此外，鸟类在迁徙之前通常还会更换新的羽毛。鸟类能根据气候的变化以及脑中生物时钟对白昼时间长短做出的反应，知道何时开始迁徙。当秋季白昼变短的时候，像家燕这一类的鸟就会焦躁不安并开始聚集，准备启程迁徙。

燕子在迁徙途中捕食飞虫，以补充体力。

家燕
（ Hirundo rustica ）

燕子的翅膀长而尖，飞起来快速有力。它们从欧洲飞到非洲只需5至6个星期。

辨识方向

鸟类如何在迁徙途中辨识方向，我们仍然不怎么了解。它们似乎凭着本能知道该走哪条路线，因为许多幼鸟在没有成鸟的帮助下，也完成了首次迁徙。

此外，鸟类还靠太阳、星星及地球的磁场来辨识方向。有些鸟类，例如鹱和海燕，能够嗅出随风飘散的气味，并靠这些气味来导引方向，穿越浩瀚的海洋。白天迁徙的鸟类可能是根据陆标，如河谷、山脉和海岸线等，来辨认方向的。

了解鸟类迁徙动态

为了了解鸟类迁徙的距离、路线和目的地，科学家在鸟腿上套上金属或塑胶脚环。这些脚环上都有编号、色标，还会注明地址，这样便非常方便辨认，并可以随时记录它们的迁徙动态。另外一种在短距离内追踪鸟类活动的方法，是使用无线电项圈，图中这只短耳鸮戴的就是这种项圈。

迁徙途中

由于鸟类在拍动翅膀持续飞行时会消耗大量能量，所以在长途飞行时，它们必须设法保存体力。灰鹤在迁徙时会呈V字队形飞行，如此一来，跟在领队鸟后面的鸟，就不用耗费同样多的能量来克服空气阻力。白鹳这种鸟会利用上升的暖气流来高飞和滑翔，而无须耗费任何能量。海鸟则靠着海面上的上升气流滑翔。有些鸟体内贮存的脂肪，足够它连续4天不停地飞行，其他鸟类则不得不每天停下来进食。

灰鹤日夜不停地从欧洲飞往非洲。它们十分矫健善飞，能飞越地中海最宽的地方。

灰鹤
（ *Grus grus* ）

鸟类常常成群结队迁徙，每群可多达数千只。灰鹤排成V字形飞行，有助于在漫长的旅途中节省体力。

短尾鹱
（ *Ardenna tenuirostris* ）

从北方迁徙到南方

在北半球，冬季时大部分土地都被冰雪覆盖着，因此许多鸟类必须迁徙到温暖的地方，例如美洲金鸻。它们夏季在北方度过，冬季飞到较暖和的南方，春天则再返回北方。

而对于南半球的鸟类而言，它们很少迁徙到北半球。但是有几种南方的海鸟，如短尾鹱，确实会在夏季越过赤道来到北半球的海洋，因为那里气候更温暖，食物也更多。

美洲金鸻
（ *Pluvialis dominica* ）

短尾鹱在澳大利亚的塔斯马尼亚岛和南太平洋的岛屿上筑巢。每年4月，它会向北飞到日本，再向东到美国，最后飞回南方过冬。

美洲金鸻在阿拉斯加和加拿大北部的冻原上筑巢。它会飞到南美洲的大草原过冬。

候鸟奇观

北极燕鸥
（ *Sterna paradisaea* ）

迁徙冠军

北极燕鸥每年都会从地球的最北端飞到最南端，来回飞两趟，全部的旅程大约36000千米。

高空飞鸟

大部分鸟在迁徙时，飞行高度都不会超过91米。但是有些鸟必须飞越高山，斑头雁在飞越喜马拉雅山脉时，飞行高度在9500米以上。

增加体重的冠军

像白颊林莺这类的小型鸟类，在迁徙之前会使其体重增加一倍，作为旅途中的能量。

迷你候鸟

大部分蜂鸟都不会迁徙，但红喉北蜂鸟却能飞越美国东部和墨西哥湾迁徙到中美洲，全程3200千米。连专家都不知道这种小鸟怎么会有这么好的体力，能飞行这么远的距离。

红喉北蜂鸟
（ *Archilochus colubris* ）

濒临绝种的鸟类

世界各地的鸟类都面临着生存危机。危机发生时，鸟类成员会接连死去。当所有成员都死亡时，这个物种就会灭绝。目前有约 13% 的鸟类濒临绝种，数百万年来，许多鸟类由于环境的变化而自然灭绝，但随之又会有新的种类演化出来取代它们。但是在过去的几个世纪，人类却加速了这一灭绝的过程。他们破坏鸟类的栖息地、制造污染、捕杀鸟类，还把它们捉来关在笼子里豢养，因而使鸟类面临了更多生存上的威胁。许多种鸟类迫切需要人类的帮助。幸运的是，也一直有人在努力做着这些事情。

濒危鸟类

这些都属于濒临灭绝的鸟类。有些鸟类，如象牙嘴啄木鸟，现在可能已经灭绝。但其他鸟类，如圣文森特鹦哥，已经通过保护栖息地或圈养繁殖得到了拯救。

圣文森特鹦哥
（ *Amazona guildingii* ）
美洲

噪杂薮鸟
（ *Atrichornis clamosus* ）
澳大利亚

查岛鸲鹟
（ *Petroica traversi* ）
新西兰

极北杓鹬
（ *Numenius borealis* ）
美洲

象牙嘴啄木鸟
（ *Campephilus principalis* ）
美洲

泰国八色鸫
（ *Pitta gurneyi* ）
泰国

栖息地的破坏

这是目前对鸟类生命最严重的威胁。鸟类能够适应在特定的栖息地生活，当这些栖息地被破坏时，生活在此的鸟类就有可能消失。由于人类对栖息地的不当使用，这些栖息地被严重破坏。森林被砍伐用于木材利用和农业开发，草原被拓垦用来种植庄稼，湿地被排干，沿海地带也被用于房屋建造等。在这些被开发的地区中，有一些栖息地的物种非常丰富，当它们被摧毁时，数百种鸟类都有灭绝的危险。亚马孙雨林是世界上最大的雨林，但它已经有20%的面积都消失了，菲律宾的森林砍伐使食猿雕处于灭绝的边缘。为了保护鸟类物种，世界各国都留出了保存完好的栖息地保护区，这些保护区旨在保护鸟类和其他野生动物的安全。

食猿雕
（ *Pithecophaga jefferyi* ）

猎杀

有些鸟类是猎人蓄意攻击的目标。在19世纪80年代，许多鸟类因其艳丽的羽毛而被杀死，如白鹭，这些鸟类的羽毛最终会成为女性帽子的装饰品。

鸟类物种的不断减少催生了两个新的重要鸟类保护组织：全美奥杜邦协会和英国皇家鸟类保护协会。它们帮助制定了保护鸟类的新法律，但这对于一些鸟类来说太迟了。比如渡渡鸟和旅鸽都因被大量捕杀而灭绝。当大量成年鸟在短时间内被杀死，以至于它们不能快速繁殖时，该物种就会灭绝。今天，为获得食物而狩猎鸟类的行为并不常见，但许多鸟类仍然因为人类活动而死亡，比如那些每年沿着相同迁徙路线的鸟类，就很容易成为被猎杀的目标。

亚洲的朱鹮已几近灭绝，因为它们的栖息地是如水稻田一类的湿地，这些湿地被改造为旱地种植小麦，筑巢的树木也被砍伐。

朱鹮
（ *Nipponia nippon* ）

人们从法罗群岛的鸟类繁殖地搜集了数以千计的暴风鹱的蛋。但只要拿走的鸟蛋数量不是太多，就不会影响到鸟类生存的数量。

南亚鸨
（ *Ardeotis nigriceps* ）

由于人类的食物需求和狩猎活动，南亚鸨已经成为濒危物种。

引进物种

冠旋蜜雀
（*Palmeria dolei*）

人们从一个地方迁移到另一个地方时，经常会带上各种各样的动物。有些是人们无意中带来的，比如老鼠和蚊子。而其他的一些动物，如猫、猫鼬和白鼬，则是被作为宠物或控制害虫的天敌而被故意引进的。但是，被引进的物种也会捕猎那些对它们来说毫无抵抗力的原有物种。这是那些生存在地面的鸟类必须面对的问题。在太平洋的某些岛屿上，由于老鼠和猫的进入，地面筑巢的海鸟数量减少了一半。夏威夷群岛上，几乎一半的鸣禽物种已因由蚊子带来的疟疾等疾病灭绝。因为这些鸟类以前从未接触过疟疾，所以冠旋蜜雀这类鸟儿没有产生免疫力，它们一旦得了疟疾，很快就会死亡。

笼鸟交易

笼中鸣禽

许多人喜欢把鸟养在笼子里，以观赏它们丰富的羽色，聆听它们的鸣唱或是养来做伴。这些鸟类都像是被困在牢笼中，许多都已经变为濒危物种。而不幸的是，大量的鸟类在被捕获、囚禁或者等待被出售的过程中死亡。在野外捉来的鸟当中，大约只有1/10能够活着被送到宠物店去。在被买卖的鸟当中，大约有80%是食谷物的鸣禽，除此之外，也有大量的鹦鹉被买卖交易。2005年，欧盟制定了一项禁令，将鸟类交易量减少了90%，但这只是转移了公众关注的焦点。如今，鹦鹉交易占鸟类交易的3/4以上，并且其中的大部分来自非洲和美洲。

巨水鸡
（*Porphyrio hochstetteri*）

白鼬
（*Mustela erminea*）

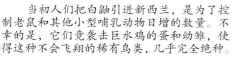

当初人们把白鼬引进新西兰，是为了控制老鼠和其他小型哺乳动物日增的数量。不幸的是，它们竟袭击巨水鸡的蛋和幼雏，使得这种不会飞翔的稀有鸟类，几乎完全绝种。

污染

人类的各种工农业活动会释放大量的有害化学物质，这些都会影响鸟类的生存。比如，农业活动中用到的化学农药和化肥，工业活动中工厂释放的有毒烟雾以及意外发生的石油泄漏，都会破坏鸟类栖息地和生活在其中的鸟类。20世纪60年代，人们发现，杀虫剂可以杀死猛禽等食物链的顶端生物。现在，绝大多数国家和地区都已经制定并实施了污染控制措施，以保护鸟类栖息地，但许多国家的鸟类仍会中毒。近年来，塑料已经成为新的鸟类杀手——特别是在海洋生态系统中。今天，90%的海鸟都不小心吃过塑料，这些不能被消化的塑料会侵占鸟类的胃部空间。与此同时，化石燃料的使用加速了全球变暖，使得极地冰川加速融化，最终改变了栖息地的生态环境，并破坏了鸟类的迁徙模式。

生命的结束

有些鸟类已经完全绝种了，海滨灰雀便是一例。20世纪40年代以前，这种小鸣禽一直生活在美国佛罗里达州东海岸的盐沼泽地。到了20世纪50年代的中期，卡那维拉尔角和美国太空总署在这些湿地上建立起来，并且建造拦阻潮汐的堤坝；而海滨灰雀却正好需要潮水为它们提供食物。在这种情况下，它们很快就灭绝了。一部分海滨灰雀在野生动物保护区中得到保护，但在1975年时，一场大火烧毁了它们的栖息地，自此以后人们再也没有见过雌海滨灰雀了。世界上最后一只纯种海滨灰雀死于1987年。

海滨灰雀
（*Ammospiza maritima nigrescens*）

我们能做些什么

世界上的珍稀鸟类需要我们的帮助才能生存。鸟类与地球生态息息相关，所以鸟类一旦出现问题，植物、动物及人类也会面临问题。我们可以采取以下的措施来帮助保护稀有的鸟类。

粉红鸽
（*Nesoenas mayeri*）

● 留出一些土地和水域作为自然保护区或野生动物保护区，鸟类在这些区域内可以受到保护，不会遭到骚扰和捕猎，也不会遭到新引进动物的袭击。

● 建立更多的人工喂养区，以帮助鸟类在恶劣的气候环境中生存下去。

● 以人工饲养方式繁殖珍稀鸟类，然后再将之放回大自然。粉红鸽就是用这种方法才增加数量的。

● 禁止捕捉稀有鸟类，禁止射杀迁徙中的鸟。

● 禁止将野生鸟类饲养在笼中，只可饲养人工繁殖的鸟。

● 降低污染程度，特别是防止原油泄漏和减少使用杀虫剂。

● 发展研究工作，尽可能去了解鸟类的生活习性，以便找出最佳的保护方法。

● 通过保护濒临绝种鸟类的国际法。

● 参加保护野生动物的组织，抗议捕杀行为，协助筹措资金，并使其他人认识问题的关键所在。

索引

致谢

Dorling Kindersley would like to thank the following: David Gillingwater, Rachael Foster, and Mark Thompson for design assistance, Lynn Bresler for compiling the index, and Bharti Bedi for editorial assistance.
Picture research Clive Webster
Maps Andrew MacDonald
Globes and diagrams John Hutchinson
Cartographic consultant Roger Bullen
Bird symbols Heather Blackham